秒懂
思维导图
应用技巧

博蓄诚品 编著

全国百佳图书出版单位

化学工业出版社

·北 京·

内容简介

本书详细介绍了思维导图与记忆方法的关联、如何充分利用思维导图开展头脑风暴，引导读者使用思维导图帮助工作、学习和生活。书中包含了思维导图的各种实际应用和经验总结，为读者提供了思维导图的正确学习方法以及全方位的成长方案。

全书共6章，主要内容包括了解思维导图是什么、绘制思维导图前的头脑风暴、手绘思维导图的方法及注意事项、如何使用软件制作思维导图、如何用思维导图提高工作效率和学习能力，以及思维导图在生活中的应用等。

本书可以作为初学者了解思维导图的入门书，也非常适合想要提高效率的职场人士、在校学生等使用，同时可作为高等院校及培训班的教学参考用书。

图书在版编目（CIP）数据

秒懂思维导图应用技巧/博蓄诚品编著. —北京：
化学工业出版社，2023.7
ISBN 978-7-122-43175-2

Ⅰ.①秒… Ⅱ.①博… Ⅲ.①思维方法-通俗
读物 Ⅳ.①B804-49

中国国家版本馆CIP数据核字（2023）第052504号

责任编辑：耍利娜　　　　　　　　　　文字编辑：张钰卿　王　硕
责任校对：宋　玮　　　　　　　　　　装帧设计：尹琳琳

出版发行：化学工业出版社（北京市东城区青年湖南街13号　邮政编码100011）
印　　装：河北京平诚乾印刷有限公司
880mm×1230mm　1/32　印张5　字数144千字　2023年7月北京第1版第1次印刷

购书咨询：010-64518888　　　　　　　售后服务：010-64518899
网　址：http://www.cip.com.cn
凡购买本书，如有缺损质量问题，本社销售中心负责调换。

定　价：49.80元　　　　　　　　　　　　　　版权所有　违者必究

很多人在学习思维导图时可能会产生疑问：这到底是用来做什么的？具体怎么应用？在学习本书内容之前，先做一个基本的了解。

一、人们对思维导图的误解

初识思维导图，有人会觉得它是一幅绘画作品，画思维导图只是为了让内容看起来更漂亮。稍微明白一点的人会意识到，画思维导图是为了将脑海中的思维用图形的方式记录下来。其实这些想法都不足以完整地描述思维导图。如果思维导图仅仅是一个简单的图形笔记，那直接用笔把重点内容写下来，或者自己记在脑子里就行了，为什么还要浪费心思画思维导图呢？

二、思维导图的真正意义

工具的优劣往往不在工具本身，而在于使用者是否熟知工具的用法，会用工具之人才能发挥工具的优势。思维导图的本质是引导思路，"图"是辅助，"导"才是重点，如果把这一点弄反了，那便真的是本末倒置了。思维导图画得好不好看并不是关键，甚至是否有图像都不重要，训练发散性思维，激发联想与创意，打开思路，让大脑更快地处理各种信息，才是思维导图的真正意义。

思维导图作为一种革命性的思维工具，充分带动左右脑机能，利用记忆、阅读、思维的规律，将枯燥的信息变成彩色的、容易记忆的、高度组合的图形。思维导图把主题关键词与图像、颜色等建立记忆链接，各级主题的关系用相互隶属的层级图表现。

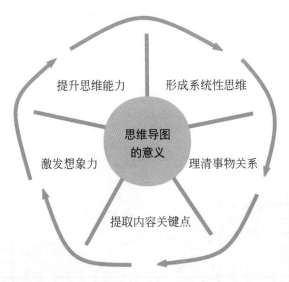

三、思维导图的应用领域

思维导图的应用范围几乎可以覆盖日常所见的方方面面。在工作、学习和生活中，思维导图可以用于计划组织活动、分析解决问题，也可用于笔记、写作、演讲、考试、培训、谈判等。

比如，上课、开会或者看书时，有很多重点内容，如果都记录下来，又多又没有条理，此时可以使用思维导图有条有理地记录关键词，提炼关键词。这样做不仅能够提升效率，也方便后期复习。绘制思维导图本身就是一个回忆巩固的过程，在制作完成之后再跟着分支主题回想，可以起到加深记忆的作用。再比如，做一个项目之前需要梳理很多内容，这时候就可以用思维导图将项目展开，罗列出项目人物、进度等内容，便于对项目的整体把控。

四、本书特色

本书图文并茂、通俗易懂，按照读者的思维习惯和使用需求，从思维导图的基本概念、常见类型、表现形式、绘制方法、工具的选择、制作思维导图时的误区及注意事项等细微处着手介绍，让读者在轻松的氛围中掌握思维导图的应用方法。

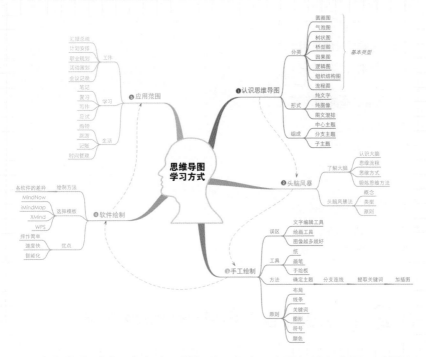

本书在编写过程中力求严谨细致，但由于水平与精力有限，疏漏之处在所难免，望广大读者批评指正。

编著者

目录
CONTENTS

第3章 手工绘制思维导图更灵活

第4章 软件绘制思维导图更智能

第5章 工作和学习的良好工具

第6章 思维导图在日常生活中的应用

附 录

第 1 章

思维导图
是什么

思维导图就像汽车玻璃上的雨刮器，能够把污泥和雨水刮去，让我看得更清楚，看得更远！

——东尼·博赞

1.1 认识思维导图

思维导图，英文名称为mind map，又叫作脑图、心智地图、脑力激荡图等，是表达发散性思维的有效图形思维工具。思维导图充分运用左右脑的机能，利用记忆、阅读、思维的规律协助人们在科学与艺术、逻辑与想象之间平衡发展，从而开启人类大脑的无限潜能。

1.1.1 思维导图的概念

英国人Tony Buzan（东尼·博赞）于二十世纪六七十年代发明了思维导图这个思考工具与笔记技巧。他在读大学时就曾将100页左右的笔记简化成10页的关键词，然后再整理成5～6页的信息卡，方便记忆学习。利用思维导图可以帮助我们做好信息的记录与整理，会使用思维导图的人，常常能跳过信息的记录阶段，直接进行信息的整理，从而绘制出逻辑脉络的图形。

思维导图是一种有效的思维模式，应用于记忆、学习、思考等思维"地图"，如图1-1所示。它有利于开拓人脑思维，从而提高人们的学习、工作效率。

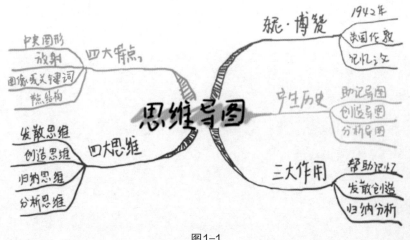

图1-1

思维导图的设计原理来源于人的大脑。大脑的思维模式是放射性的，进入大脑的每一个图像、感觉、味道、色彩、声音等，都是相互联系的放射性结构，而每一个信息都可以看作这个结构里面的一个节点，人的思维就是由这些节点相互关联起来的一个网状结构。而思维导图就是模仿思维的这种放射性，用画图的方式表现出来，帮助梳理思路、发散思维、增强记忆的一种方式。

放射性思考是人类大脑的自然思考方式。大脑接收的每一种信息，不论是感觉、记忆或是想法，包括文字、数字、符码、气味、食物、线条、颜色、意向、节奏、音符等，都可以成为思考的中心，并由此中心散发出成千上万的节点，每一个节点代表与中心主题的链接，每一个链接又可以成为另一个中心主题，再向外散发出成千上万的节点，呈现出放射性的立体结构，如图1-2所示。

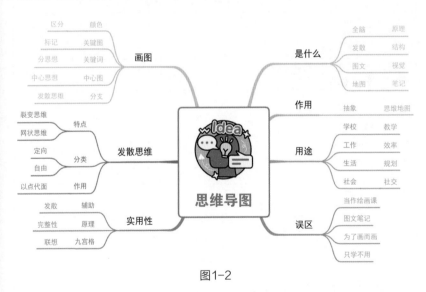

图1-2

当我们想要将某种思维具象化时，通常会以笔记的形式来表达，动手写笔记会比用键盘打字记忆更深刻。做笔记也可以分为两种方式：逐字记录或画概念图。动手写笔记的动作比较慢，所以训练大脑去思考，写出关键词十分重要，这需要我们抓住重点，将琐碎繁杂的内容简化，如图1-3所示的是用传统笔记模式记录内容，而图1-4所示的是用思维导图模式记录内容。

笔记·有理数
第一步：知识点摘录
1.有理数：整数和分数
2.整数：正整数、0、负整数
3.分数：正分数、负分数
4.具有相反意义的量可以表示在数轴上
5.数轴：用一条直线上的点表示数
6.数轴条件：原点、正方向、单位长度
7.相反数：只有符号不同的两个数
8.a和–a互为相反数，0的相反数是0
9.相反数关于原点对称
10.任意一个数前面添上"–"号，变成它的相反数
11.绝对值：数轴上表示数的点与原点的距离
12.去绝对值符号：正数绝对值是它的本身；负数绝对值是它的相反数；0的绝对值是0
13.数轴上：从左往右变大
14.正数＞0＞负数
15.负数，绝对值大的反而小
16.比较大小：先看符号，再看绝对值
第二步：知识点整理
1.有理数分类：整数（正，0，负）；分数（正，负）
2.数轴：用直线上的点表示数
3.数轴三要素：原点、正方向、单位长度
4.相反数：只有符号不同的两个数（关键点：①只有符号不同；②必须两个数）
5.0的相反数是0，相反数关于原点对称
6.任意数前面添上"–"，变成它的相反数
7.相反数化简：同号得正，异号得负
8.绝对值：数轴上表示数的点到原点的距离
9.去绝对值符号：看绝对值里面的数字。大于或等于0，得原数；小于0，得相反数
10.比大小：异号，正数＞0＞负数；同号，（正）绝对值大的数字大，（负）绝对值大的反而小
第三步：知识点应用
考点一：有理数分类（看符号、看分数线）
考点二：数字用数轴上的点表示（方向、距离）
考点三：在数轴上一点，移动一定单位，确定新点（有两种情况）
考点四：写对应数的相反数（加负号）
考点五：写对应数的绝对值（负号变正号，其他不变）
考点六：有理数比大小（先看符号，再看绝对值）
考点七：数轴上两个数的中点（两数求和除以2）

图1-3

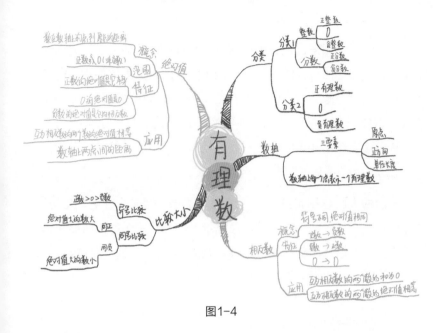

图1-4

1.1.2　使用思维导图的优势

与传统的记录模式相比，思维导图的优势在于以下几个方面。

（1）发散性

使用传统记录模式，人们很容易陷入僵局，也就是俗话说的"一条路走到黑"的状态。而思维导图则是利用发散性思维进行思考。在思考时，会为遇到的问题想出成百上千条解决方案。从没思路到有思路，再到完善思路。这整个思考的过程，可以说是"一切皆有可能"。

（2）条理性

传统记录模式，可能只看到问题的局部，无法全面地看待问题。而思维导图则不同，它将各种关联的想法用连接线串联起来，形成一个系统框架，好让我们能够把控好全局，并保持清晰的思路。在思考过程中，想要扩充思路，我们可以随时添加，不会破坏原有的框架。这是传统记录模式无法达到的。

（3）伸缩性

对于学生学习来说，思维导图可算是提高学习能力的一大利器。思维导图具有很好的可伸缩性，它顺延了大脑的自然思维模式。它能够将新旧知识结合起来。学习的过程就是一个由浅入深的过程，人们总是在已有知识的基础上学习新知识。将新知识同化到自己原有的知识结构中，从而建立新旧知识间的关联，这是提升学习能力的关键点所在。

（4）激活大脑

人们的大脑越用越灵活。传统记录模式，例如几行字、几句话等，这种模式通常只激活人的左脑。而思维导图是使用颜色、图形和想象力激活右脑，并结合左脑的逻辑思维，共同创造出来的。这种模式，在加深记忆的同时，效率也提升了百倍。

1.1.3　思维导图的应用领域

思维导图可应用的范围非常广，它可用于工作、生活、学习中任何一个领域，如图1-5所示。

图1-5

（1）在工作中的应用

在工作中，人们可以利用思维导图进行时间管理、商务演讲、商务谈判、项目计划、会议安排、开发创意以及头脑风暴等的记录工作，如图1-6所示。

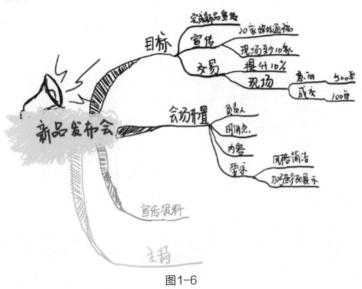

图1-6

（2）在生活中的应用

在生活中能够利用思维导图进行记录的事务有很多，例如假期出行、生活计划、婚礼筹备、家庭聚餐、房屋装修等，如图1-7所示。

图1-7

在生活的很多方面，可以说只有你想不到的，没有思维导图做不成的。

（3）在学习中的应用

在学习中利用思维导图将整本书的知识点提炼出来。把学生们的主要精力集中在关键知识点上，从而提升学生们的理解和记忆能力，如图1-8所示。

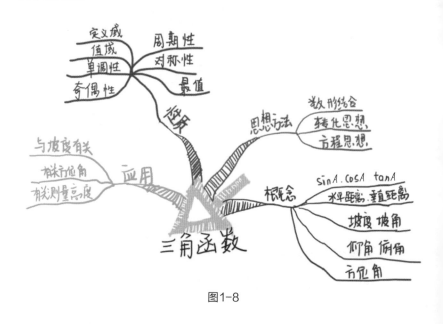

图1-8

1.1.4　思维导图的类型

思维导图有很多种类型，对其进行分类的方式也很多，通常可以根据结构、形态、作用等进行分类。下面将对常见的思维导图类型进行介绍。

（1）圆圈图

圆圈图是由多个大小不同的圆圈组成，主要用于把一个主题展开来联想或者描述相关细节。利用圆圈图可以培养创造性思维，它没有固定的表达形式，只要是与主题有关的事物都可以添加。

例如，说起动物园，我们可以联想到长颈鹿、斑马、狮子、狐狸……还可以联想到动物园里的游客、餐厅、各类主题表演等，在着手绘制时，一般中心圆圈为主题，稍偏大一点，而四周的圆圈为分支内容，稍偏小点，如图1-9所示。

图1-9

（2）气泡图

气泡图适合年龄稍小的孩子使用，这种类型的思维导图方便从多维度看问题，找到事物的多样特征并锻炼发散性思维，用来分析、解释和描述任何事物。

例如，说到三国中的刘备这个人物形象，我们可以想到他爱才惜才、会笼络人心、宽以待人、心胸广阔等。这种情况就可以用气泡图来表示，如图1-10所示。

图1-10这类气泡图属于单气泡图，是一种很常见的图形，此外还有一种是双气泡图，它是由两组单气泡图组合而成。

图1-10

双气泡图主要用于描述两个主题间的区别。两者之间相连的部分为相同点，其他则为不同点，如图1-11是刘备与曹操两种性格的对比图。

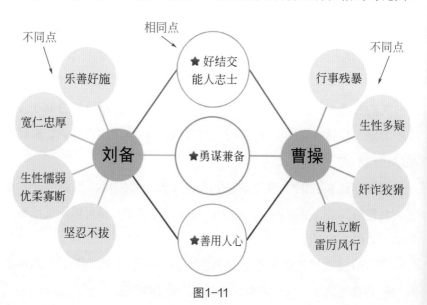

图1-11

知识链接：

圆圈图与气泡图形式相似，但它们所表达的内容略有不同。圆圈图侧重在发散思维，类似于头脑风暴，只要自己认为与主题有关的都可以写入。而气泡图侧重于对主题的特征进行描述，其目的是加深对主题的认知，培养思考问题的深度。

（3）树状图

树状图又称树形思维导图，它如同一棵大树一样，拥有主干，并从主干上延伸出许多分支。一个主题对应若干个分支主题，每个分支主题再细分为所对应各具体事物的罗列，使复杂的问题变得简单，将凌乱的思绪变得有序起来。

树状图常用于对知识点的归纳、总结，如图1-12所示。

（4）桥型图

桥型图主要通过已知的两事物和概念关系，来形容陌生两事物间

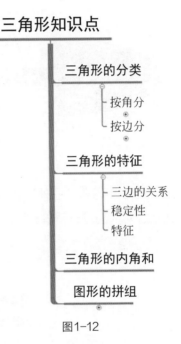

图1-12

的关系，是用于类比和类推的图。这种类型的图运用得比较少，在桥型横线的上、下面写入具有关联性的一组事物，然后按照这种关联性列出更多具有类似相关性的事物，如图1-13所示的是各省会城市。

图1-13

（5）因果图

因果图主要用来表示问题发生的原因和结果的思维过程。这种图形层次分明、条理清楚，便于分析问题、制定对策、呈现结构以及项目总结。因果图常用的表现形式就是图1-14所示的鱼骨形式。

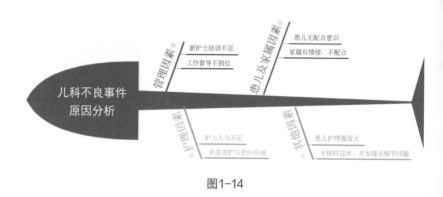

图1-14

此外，还有另一种比较直观的表现形式，如图1-15所示。这种形式适合对问题进行简单分析。图形左侧为事件起因，右侧为事件结果。

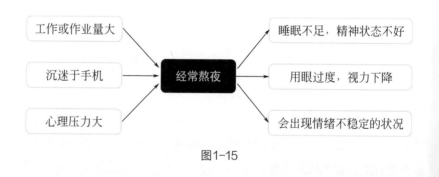

图1-15

（6）逻辑图

逻辑图包括左右逻辑图、向左逻辑图、向右逻辑图，是思维导图最基础的结构，也是很常用的一种图形。它可以用来发散和纵深思考，表达基础的总分关系。图1-16所示的是左右逻辑图，图1-17所示的是向右逻辑图。

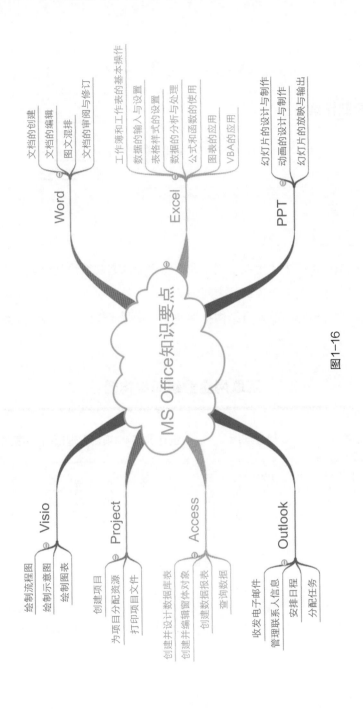

图1-16

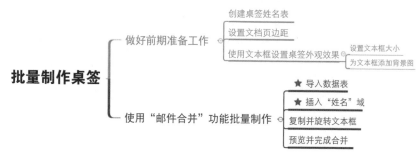

图1-17

（7）组织结构图

组织结构图主要用在一些企业，将企业内在联系绘制出来，更好地反映和表达出企业中各部门之间的关系，让员工对自己的隶属关系更加清晰，对其他部门的人员结构更加明了，增强工作的协调性，如图1-18所示。

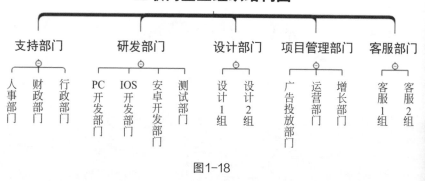

图1-18

（8）流程图

流程图也是思维导图的一种，它按照一定的逻辑顺序以及事物的发展规律来进行搭建，可以将某个步骤或者方法条理化，如图1-19所示。

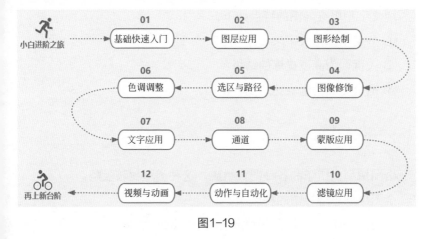

图1-19

1.2　思维导图的表现形式

思维导图不仅可以让人的思考化繁为简，更能让人发挥想象力和创意。思维导图的表现形式按照文字和图形的使用比例，可分为纯文字型、全图像型以及图文混排型。

1.2.1　纯文字型

纯文字型一般由关键词和线条组成，适用于需精准表达的内容。利用纯文字型可以提高一定的效率，特别是在要处理紧急事务，或者在做课堂笔记时会更为方便，如图1-20所示。

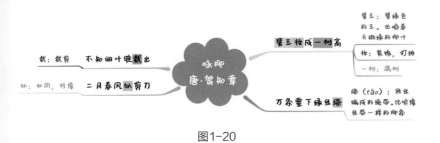

图1-20

纯文字型思维导图的特点如下。

① 分支全部由文字来表达。

② 关键词为高度提炼的结果。

③ 适合需要清晰表达的场合使用。

1.2.2　全图像型

全图像型由线条和各种图像组成。这种类型比较吸睛。

全图像型思维导图的特点如下。

① 中心图较大，从而起到突出中心主题的效果。

② 各个分支的信息全部由图像来说明。

③ 需要有人参照思维导图解说，否则单靠图形很难读懂，如图1-21所示。

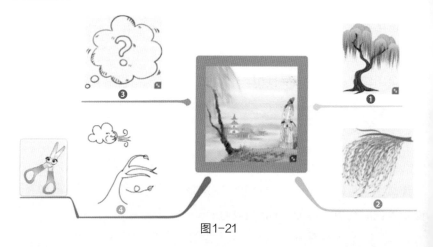

图1-21

1.2.3　图文混排型

图文混排型思维导图既有图也有文字。这种类型的思维导图更生动、有趣，适用的场合也更广泛，不管有没有讲解者，别人都能够看得懂。它也是这三种形式的思维导图中最值得推荐的一种类型，如图1-22所示。

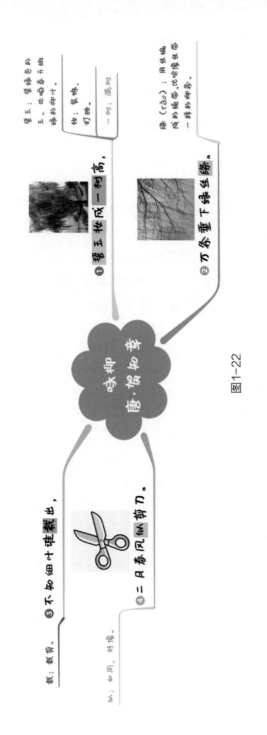

图1-22

1.3 思维导图的组成

思维导图运用图文并茂的技巧将各级主题的关系用相互隶属与相关的层级图表现出来，把主题关键词与图像、颜色等建立起记忆联结。

1.3.1 主题的类型

思维导图使用一个中央关键词或想法引起形象化的构造和分类的想法，这个中央关键词或想法以辐射线形式连接所有的代表字词、想法、任务或其他关联项目。不管是中央关键词还是其他关联项目，在思维导图中都以独立的主题形式出现。主题的类型包括"中心主题""分支主题"和"子主题"。"中心主题"即中央关键词，以辐射线连接的第一个分支点为"分支主题"，分支主题再向后延伸出的所有主题都称为"子主题"。关于各种主题的具体说明如下。

（1）中心主题

中心主题（也称为中心节点）是思维导图要表达的核心内容，通常位于画布的中心（当分支数量小于或等于3时，可以采用右侧布局，此时的中心主题则位于左侧），中心主题可以用文字或图像来表示，每张思维导图有且仅有一个中心主题。

（2）分支主题

分支主题（也称为主节点）是直接隶属于中心主题的下一级主题，也就是说由中心主题发散出来的第一级主题为分支主题。

（3）子主题

子主题也称为子分支节点。由分支主题发散出来的子分支上的主题都可以称为子主题，如图1-23所示。

除了上述几种主题外，思维导图中还包含一种自由主题。自由主题一般在使用软件制作思维导图时比较常用。自由主题是独立存在的主

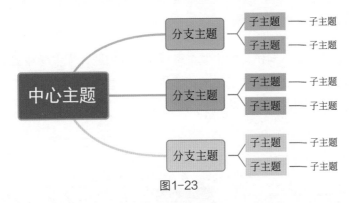

图1-23

题，它没有固定的位置，可以灵活排版。自由主题拥有极大的自由度和
创造性，可以用来创建花式思维导图。在没想好内容应该放在哪个节点
时，可以利用自由主题临时放置在任意位置，或者可以使用自由主题来
为整个思维导图做一个补充说明，如图1-24所示。

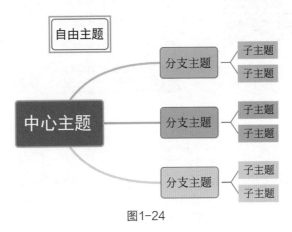

图1-24

　　自由主题可以继续发散出很多子主题，我们也可以将中心主题看成
是一个自由主题，如图1-25所示。

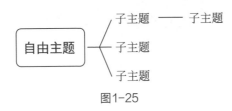

图1-25

1.3.2 主题的层级关系

思维导图中不同位置的主题也可以用同级主题、子主题和父主题来定义层级关系。处于相邻层级的相连的两个主题构成父子主题关系，并列的主题则是同级主题，如图1-26所示。

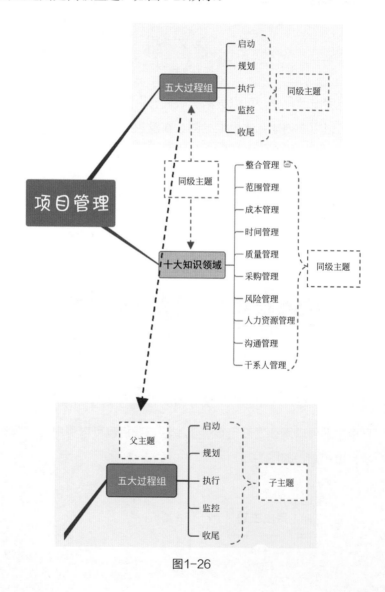

图1-26

第 2 章

绘制思维导图前的头脑风暴

不下决心培养思考习惯的人，便失去了生活中的最大乐趣。

——爱迪生

2.1 先从认识大脑开始

每个人的大脑都是一个沉睡的巨人。研究表明，普通人终其一生也只能开发5%～10%的大脑潜能。也就是说，大脑的潜能未完全开发！

2.1.1 你是左脑型还是右脑型

大脑有左脑和右脑之分。左脑和右脑虽然形态上相似，但其执行的功能却不尽相同，如图2-1所示。

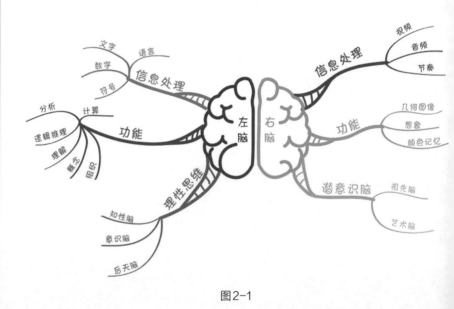

图2-1

左脑倾向于语言思维，负责逻辑理解、记忆等，主要支配逻辑分析方面，可称为"逻辑脑"。

右脑则负责空间图形记忆、直觉、情感等，主要支配图像和想象力，可称为"图像脑"。图2-2所示的是左右脑差异。

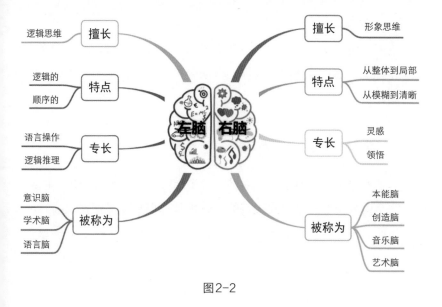

图2-2

2.1.2　大脑的思维流程

大脑运行的过程是相当复杂的，大脑的思维流程是怎样的呢？如图2-3所示。

图2-3

（1）信息采集

主要依靠人的眼睛、鼻子、耳朵、手、皮肤等一切感知器官进行信息采集，所采集的信息会被大脑记录，信息采集能力越强的人越容易发现一般人难以探知的事物。

（2）资源整理

资源整理是将采集到的信息进行整合、排序，选取优先分析项，为信息的分析做好准备。

（3）数据分析

数据分析就是对采集到并整理出来的信息进行分析，从而转换为有用的并且可以被自身理解的数据。数据分析的能力决定了人类思维能力的高低。

2.1.3 大脑的常用思维方式

大脑的思维方式有很多，对同一件事情，不同的人会做出不同的反应，这是由人类的思维方式决定的。各种外部信息被保存到大脑后，大脑是如何处理这些信息的呢？如图2-4所示。

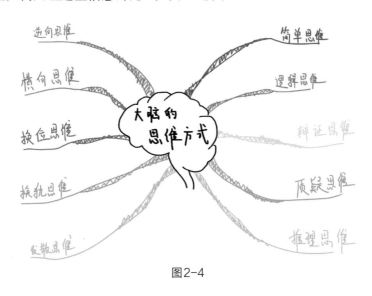

图2-4

（1）简单思维

一切问题复杂化的原因是没有抓住最深刻的本质，没有揭示最基本规律与问题之间最短的联系。要记住，最简单是最合理解决问题的方式。简单思维的关键词：最经济、最胜利、最优化、最准确、最普遍。

（2）逻辑思维

逻辑思维，又称抽象思维，是人们在认识事物的过程中借助于概念、判断、推理等思维形式能动地反映客观现实的理性认识过程。只有经过逻辑思维，人们对事物的认识才能达到对具体对象本质规律的把握，进而认识客观世界。它是人的认识的高级阶段，即理性认识阶段。

（3）辩证思维

辩证思维是指以变化发展视角认识事物的思维方式，通常被认为是与逻辑思维相对立的一种思维方式。在逻辑思维中，事物一般是"非此即彼""非真即假"；而在辩证思维中，事物可以在同一时间里"亦此亦彼""亦真亦假"而无碍思维活动的正常进行。辩证思维模式要求观察问题和分析问题时，以动态发展的眼光来看问题。

（4）质疑思维

怀疑是走向哲学的第一步。要创新，就必须对前人的想法加以怀疑，从前人的定论中提出自己的疑问，才能够发现前人的不足之处，才能够产生自己的新观点。要创新成功首先就要敢于质疑。

（5）推理思维

推理思维是一步一步用实际行动或各种迹象慢慢地进行思考，万物皆有关联。由此可以及彼，串点可以成线，有效牵住一线，或可掌控全局。这就是推理思维的价值所在。

（6）逆向思维

逆向思维，又称反向思维，是指从反面（对立面）提出问题和思索问题的思维过程，是以逆常规的思维方法来解决问题的思维方式。

（7）横向思维

横向思维，是将由外部世界观察到的刺激，牵强地与正在考虑中的问题建立起联系，使其相合。也就是将多种多样的或不相关的要素，捏合在一起，以期获得对问题的不同创见。

（8）换位思维

换位思维，就是设身处地地将自己摆放在对方位置，用对方的视角看待世界，这是一种非常有益又十分实用的好思维。

（9）换轨思维

换轨思维是一种非常有效的创新工具，当某一路径无法抵达目标时，及时脱轨便成为突破的关键。换轨思维，可以使人从容面对人生困境。

（10）发散思维

发散思维的实质，就是要突破常规和定势，打破旧框架的限制，提供新思路、新思想、新概念、新办法。所以，它是一种创造性思维方式。

2.1.4 如何锻炼自己的思维

人的思维不是先天就有的，也不是靠多读几本思维书就能够得到的。这需要在科学理论的指导下，经过长期的锻炼才能够培养出来。

在日常工作或生活中，我们可以从图2-5所示的四个方面来锻炼自己的思维，使你的大脑越用越活。

图2-5

（1）联想法

用关联性较远的两种事物或两个词语展开联想，可以用一段话把它们联系在一起，就像小学生造句和看图写作一样练习。

比如，沙发—游乐场，池塘—爆米花，鸡蛋—花露水，这几组词之间乍看没有什么直接的关联，我们可以发挥想象力，将它们进行配对联想。

沙发—游乐场	坐在新买的沙发上，看着远处夕阳下的游乐场，这一刻是多么温馨惬意
池塘—爆米花	她在给池塘里的小鸭喂爆米花
鸡蛋—花露水	鸡蛋液洒到了书包上，他绰起手边的花露水喷了上去

在联想的过程中，只需将这两个词联结起来就可以，不需要考虑：给鸭子喂爆米花有什么后果、为什么要用花露水喷鸡蛋液等无关的因素。

两个词熟练之后，那就增加难度，用三个、四个词，甚至更多的词或事物进行联想。总之，联想的过程不一定要循规蹈矩。联想就是要突破局限，越天马行空，效果会越好。

（2）观察法

在限定的时间内，全神贯注地去观察某个物体或某个人后，闭上眼睛，尽可能地把事物或人物的特征详细地描述出来，这样既活络了大脑的思维，又能提升记忆力。

观察是认识事物、了解事物的第一步，也是非常重要的一步。很多人会以为观察只是用眼睛去看，而事实上观察是一种由多种感知器官共同参与的知觉活动。它不仅要用眼睛去看，还要用耳朵去听、鼻子去闻，甚至还要用嘴巴去尝、用手去摸，用大脑去分析和思考。人们在观察事物的同时，大脑已经开始运作了，如图2-6所示。

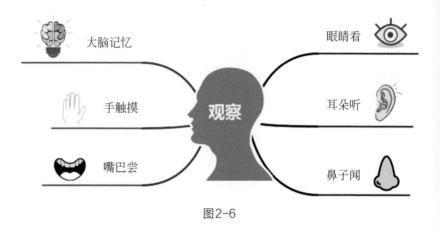

图2-6

训练观察力有助于我们在社交的时候，能够很快地抓住别人的特点，进而采取有效的沟通策略。

（3）回忆法

通过不断回忆过去发生过的事，可以锻炼我们理清思路的能力。可以回想昨天这个时候，做了什么事情，去了哪里，吃了些什么，穿了什么样的衣服，如果能回忆起几天以前的事更好。回忆的内容没有限制，也可以回忆过去学过的知识，甚至是昨晚的梦境等。

（4）背诵法

背诵不仅可以丰富我们的内涵，增强文化底蕴，还可以提高记忆力。可以背诵文章、古诗、公式、英文单词、法律条文等，只要选择自己喜欢的就可以。

2.1.5 让大脑更好地分析及处理信息

一般而言，逻辑思维能力强、有条理的人通常左脑比较发达，而右脑会相对弱一些，所以他的创造性就比较差。相反，创造性强、感性的人，他的右脑比较发达，而左脑就相对弱一些，其逻辑思维能力就会差一些。图2-7所示的是左右脑支配的功能。

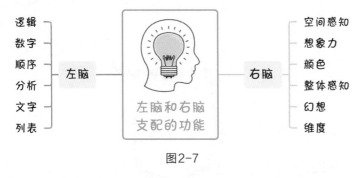

图2-7

那么有没有办法让左右脑同时开工，激发自己的大脑潜能呢？有，那就是画思维导图，如图2-8所示的先秦文化知识要点。

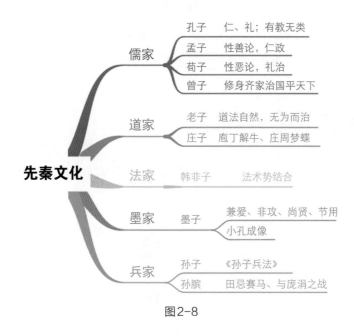

图2-8

人们的大脑如同肌肉，用则活，不用则废。我们只需"开窍"，打破固有思维，就可以激发大脑。而思维导图在这方面有着绝对的优势。

看到图像或在大脑里想象图像的过程用的就是右脑。思维导图锻炼的不仅是逻辑思维能力，还有联想思维能力。在绘制思维导图时，可以绘制一些小图像来辅助记忆，如图2-9所示。

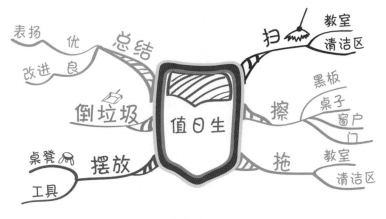

图2-9

所以，会用思维导图来思考的人，他们的思维方式及处事能力往往要比一般人强，从而他们的大脑运作也会比一般人要活络。

2.2　头脑风暴法怎么玩

头脑风暴是舶来词，当作为名词或动词使用时有不同的解释，如图2-10所示。

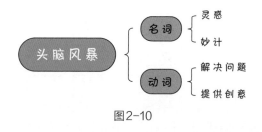

图2-10

2.2.1　头脑风暴是什么

头脑风暴又称为"智力激荡"，是一种激发创造性思维的方法。"头脑风暴"的概念由广告专家奥斯本提出，该方法主要由价值工程工作小组人员在正常、融洽和不受任何限制的气氛中以会议形式进行讨论、座谈，打破常规，积极思考，畅所欲言，充分发表看法，如图2-11所示。

图2-11

头脑风暴现在被视为无限制的自由联想和讨论，其目的在于产生新观念或激发创新设想。当一群人围绕一个特定的兴趣领域产生新观点的时候，这种情境就叫作头脑风暴。本书介绍头脑风暴的重点在于说明如何用思维导图呈现脑力激荡的结果。灵活运用思维导图进行脑力激荡，可以产生更多创意。思维导图的视觉思考特性，其优点如图2-12所示。

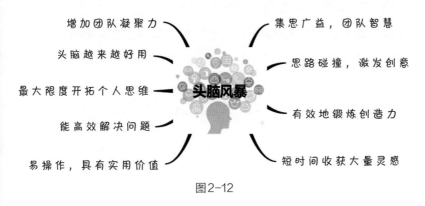

图2-12

2.2.2　头脑风暴法的类型

随着头脑风暴概念的普及，越来越多的人使用它进行写作构思、方案创新、意见收集、事项决策等。头脑风暴法也分为不同的类型，如图2-13所示。

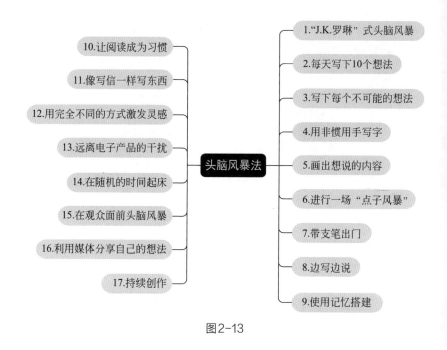

图2-13

（1）"J.K.罗琳"式头脑风暴

也许你对J.K.罗琳的名字还有点陌生，但你一定知道哈利·波特。没错，她就是《哈利·波特》系列书的作者。据说她曾在吃饭的时候将想到的一些故事片段记录在餐巾纸上，就餐完毕后，再将这些片段添加到书本中。当你有灵感的时候，及时把这些金点子记下来是个很好的训练方法。

（2）每天写下10个想法

每天写下10个有意思的想法，不用限制在多长时间内写完，也不用管能不能实现它们以及其他现实性问题，甚至不用管这些想法是否实际，你只需要相信你的大脑，只要是它想到的就记录下来。只要坚持一段时间，就会发觉原来自己有这么多好点子。

（3）写下每个不可能的想法

写下所有你认为"不可能解决"的问题。在团队头脑风暴的时候，这种做法往往会让大家脑洞大开，想出非常棒的解决方案。

（4）用非惯用手写字

坚持用你的非惯用手写字能够训练"删繁就简"的能力。比如可以试着使用左手写字（对右手为惯用手的人来说）。这样写字的速度会很慢，而在潜意识里你会只记录关键字，从而删除多余的语句，呈现出的内容都是精华之处。

（5）画出想说的内容

即使你没有学习过绘画技巧，也可以用符号、数字来表达自己的想法。图案跟文字比起来更能加深大脑的记忆，也能让联想进入大脑。

（6）进行一场"点子风暴"

当团队成员坐在一起围绕主题贡献想法、畅所欲言、各抒己见时，一场典型的"头脑风暴"就开始了。思维导图适合在该场景下使用，帮助团队收集灵感，整理思路。

（7）带支笔出门

出门时带支笔，当有好点子不经意地冒出时，立刻拿出笔和纸，记录下这一闪而过的念头，或者直接写在手上。在记录这些想法时也应该注意提炼简洁的词语，这又是一次对文字凝练水平的测试。这些被"随意"记录的想法或许会为今后创作提供非常大的帮助。

（8）边写边说

一边写一边说，大脑会同时接收到视觉和听觉两种感官的刺激，进一步激发大脑思维，这样会更容易开拓思路。

（9）使用记忆搭建

使用记忆搭建和将所有知识记录在纸上有很大不同。使用记忆搭建要凭借大脑来记忆所有的信息，不管是文字、图像还是声音。这样坚持一段时间就会出现两种现象：第一，你会自动删除任何不够生动的，或者不需要被记住的信息；第二，你会把事情整理得简洁明了，因为多余的东西已经被自动删除了。

（10）让阅读成为习惯

当你觉得脑袋空空，根本没有好的想法时就要开始充电学习，多阅读一些书籍，能够吸收更多的见解和知识。在阅读中寻求问题的解决办法。同样，你也可使用思维导图来整理阅读笔记，让大脑保持清晰的思路。

（11）像写信一样写东西

当你觉得一件事难以开口时，可以虚拟一个对象，用写信的口吻述说自己的创作过程，把自己的真实想法写下来，就好像和他们聊天一样。也许，你会在写信的过程中找到那把开启智慧大门的金钥匙。

（12）用完全不同的方式激发灵感

在思维枯竭的时候，可以去跑步，去听歌，去做家务。虽然做着与本职不相干的东西，但是大脑这个神奇的物体，总是会在你漫不经心的时候迸发出一些不错的灵感。

（13）远离电子产品的干扰

在信息获取变得越来越便捷的时代，我们从中受益，也免不了受到负面影响。当你想要沉下心来激发大脑活力的时候，应该远离电子产品的干扰。

（14）在随机的时间起床

打破原本有规律的生物钟，可能一开始非常痛苦，但是也会很有效果。在无规律的时间起床，寻求一丝闪现的灵感也是一种不错的方法。

（15）在观众面前头脑风暴

掌握一项知识的结果，就是你能够向他人复述这项知识。不妨使用思维导图，开启演示模式，向周围的朋友介绍你的研究。

（16）利用媒体分享自己的想法

媒体的最大用处就是"对话"，在这个时代，社交媒体让人与人的距离变得更近了。让你的想法被他人看见，可以通过社交平台分享。或许别人会慷慨给予见解和指导。

（17）持续创作

坚持一直以来都是成功的秘诀之一。不要质疑自己是否能成功，想去做，那就坚持去做。相信，总有一天会由量变到质变，总有一天会收获满满的创意和灵感。

2.2.3 头脑风暴法需遵循的原则

头脑风暴一般用在收集需求和创意多样化的场合，在没有头绪时，组织一群人在规定时间不设限制地自由讨论，然后从中获得创意。不是所有的头脑风暴都能取得良好的效果，想要从头脑风暴中取得良好的效果，需要遵循以下四个原则，如图2-14所示。

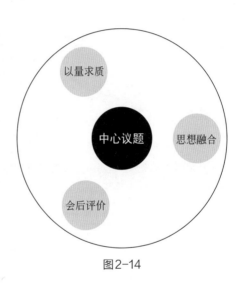

图2-14

（1）围绕一个中心议题

确定中心议题是一次合格的头脑风暴的前提，要求对方事先了解要讨论的主题、目标和背景，带着问题和想法乃至创意来"头脑风暴"。

（2）追求想法的数量

无论想法好不好，都应该被保留，即使有的想法不切实际。越多的想法代表着能够解决问题的方案越多。

（3）不评判别人的想法

禁止评判他人的想法，不应该在过程中影响他人思绪，有问题可以在会后讨论。

（4）学会融合多个想法

在头脑风暴的最后需要对观点进行分类，将相近的观点合并。最佳的解决方案往往不是某一个想法，而是由若干个想法组合而成。将这些想法进行有机融合是提升头脑风暴效果的有效手段。

图2-15所示的是开展头脑风暴的方法。

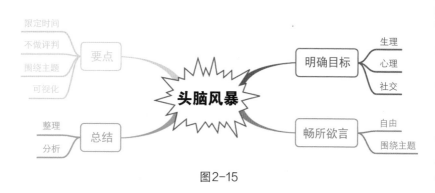

图2-15

开展头脑风暴一般要经过的几个阶段如图2-16所示。

图2-16

2.2.4 思维导图头脑风暴法

在进行头脑风暴会议时，大家充分提出自己的意见和想法。当一个接一个的"奇思妙想"冒出来时，如何进行记录？如何判断哪个想法更好？如何对这些想法进行分类整理？一场有效的头脑风暴，离不开思维导图，可以用它来记录创意，构建想法框架，如图2-17所示。

借助思维导图可以有效地发挥头脑风暴的作用。下面说一说如何用思维导图来记录大家的创意、灵感。

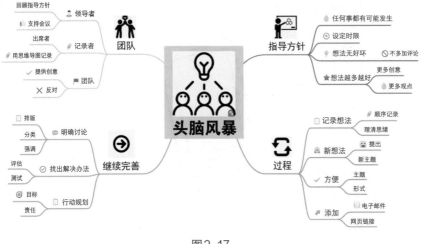

图2-17

（1）从中心开始绘制

从一张纸的中心开始绘制，周围留出空白。从中心开始，可以使你的思维向各个方向自由发散，能更自由、更自然地表达你自己，如图2-18所示。

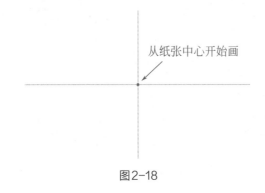

从纸张中心开始画

图2-18

（2）写明讨论主题

用关键词明确地表达出主题内容。主题不要太笼统，越明确越好。当然，能用图像表示那再好不过了。"一图抵万言"，图画越有趣，越能使你全神贯注，也越能使大脑兴奋。图像画得好坏没有关系，只要能充分表达主题思想即可，如图2-19所示。

智能手机的功能及用处

图2-19

（3）使用多种颜色记录设想

最好用多种颜色绘制思维导图，颜色和图像一样能让你的大脑兴奋，如图2-20所示。颜色能够给你的思维导图增添跳跃感和生命力，为你的创造性思维增添巨大的能量，同时它也很有趣。

图2-20

（4）用线条连接分支主题

将中心图像和主要分支连接起来，然后把主要分支和二级分支连接起来，再把三级分支和二级分支连接起来，以此类推，如图2-21所示。

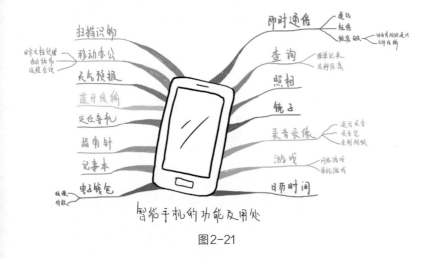

图2-21

人类的大脑是通过联想来思考的。当把分支连接起来时，便会更容易地理解和记住许多东西。把主要分支连接起来，同时也创建了我们思维的基本结构。这和自然界中大树的形状极为相似：树枝从主干生出，向四面八方发散。假如大树的主干和主要分支，或主要分支和更小的分支以及分支末梢之间有断裂，那么它就会出现问题。如果思维导图没有连接线，这会对后期的整理带来很大的麻烦。

（5）分支线条自然弯曲

平平无奇的直线会令大脑感到厌烦。曲线和分支就像大树的枝杈一样更能吸引人们的眼球。

（6）使用关键词替代长句

单个的词语是经过提炼的结果，使思维导图更简洁，更具有力量和灵活性。每一个词语和图形都像一个母体，繁殖出与它自己相关的、互相联系的一系列"子代"。当你使用单个关键词时，每一个词都更加自由，因此也更有助于新想法的产生。而短语和句子却容易熄灭这种火花，如图2-22所示。关键词在思维导图中扮演的角色就像一双灵活的手的关节，而写满短语或句子的思维导图，就像手被固定在僵硬的木板上一样。

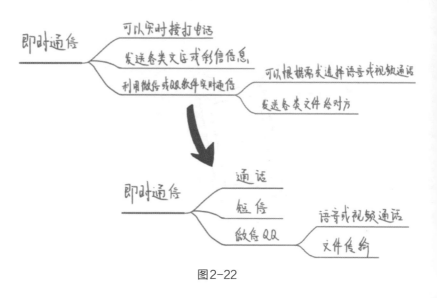

图2-22

（7）可以用小图像表示

从"一图抵万言"的角度来分析，每一个图形相当于"一万"个词。虽然这个形容有点夸张，但是却充分说明了一张图所传达的信息远远大于一个句子，如图2-23所示。

图2-23

2.2.5　头脑风暴法小练习

当初学者面对思维导图无法下笔时，不妨先活络一下大脑，试着做做头脑风暴小游戏。该游戏可以锻炼你的联想能力，开拓思维方式。多多练习，以后想做好思维导图将不在话下。下面以"炎热"为主题，展开联想，不用太多，填满九宫格就好。

可以在Word文档中练习。插入一个3行3列的表格，并在表格中心位置输入"炎热"，如图2-24所示。

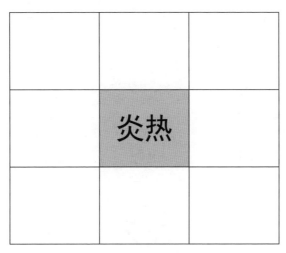

图2-24

⚠ **注意事项：**

在进行小游戏时，不必限制表达方式。一张纸，一支笔，随时随地都可以进行游戏。

限制1分钟时间，将表格填满。想到什么就填什么。只要与"炎热"有关的词语都可以，如图2-25所示。

夏天	红色	赤道
火炉	炎热	冰激凌
空调	中暑	烈日

图2-25

另起一行，再创建一个九宫格。这次以"夏天"为主题，展开与"夏天"有关的联想，填满九宫格，如图2-26所示。

茂盛	度假	出汗
干旱	夏天	节气
雷雨	蝉声	西瓜

图2-26

按照同样的方法，分别以"红色""赤道""冰激凌""烈日""中暑""空调""火炉"为主题，展开联想，如图2-27所示（以"红色"为例）。

颜色	热情	鲜艳
口红	**红色**	血液
枫叶	信号灯	新年

图2-27

你想到的越多，说明联想力就越好。联想力是"举一反多"的能力。将事情延伸到其他地方，并与其他事物串联起来，做到从多角度去构思，这就是这项游戏的目的所在。

第 3 章

手工绘制思维导图更灵活

想象力比知识更重要，因为知识是有限的，而想象力概括着世界上的一切，推动着进步，并且是知识进步的源泉。

——爱因斯坦

3.1　绘制前的准备工作

通常情况下制作思维导图的原因不外乎学习笔记、时间日程安排、事件斟酌决策、专业说明讲解等。那么制作思维导图之前有哪些准备工作呢？

3.1.1　制作思维导图的误区

思维导图　≠　文字编辑工具

笔者很热爱古典文学，曾经想找到一种好的方法将一本名著中所有典故都整理出来，最终笔者决定以思维导图的方式记录。因为起初就知道要记录的东西很多，为了方便操作，笔者选择使用电脑版的思维导图软件来制作。随着记录的内容逐渐增加，页面中的线条看起来纵横交错、杂乱不堪，文字也是写得密密麻麻，没有重点。由于文件变得越来越大，因此整个思维导图软件程序运行缓慢甚至崩溃……反复尝试了很多种方案也无法解决这些难题。最终只能放弃思维导图这种方法，而是直接使用 Word 来做典故摘录。虽然文档的页数有点多，但是记录内容很方便，也很容易检索。

现在想来，制作文字量巨大的思维导图本来就不是一个明智的选择。思维导图是浓缩的思维笔记，而不是文字摘录的收藏夹。所以，在制作思维导图之前，首先要想清楚：这个内容是否适合用思维导图展现？是否真的有做成思维导图的必要？是否除了思维导图，再也没有更合适的呈现方式？

思维导图是梳理、展示思想的思维工具，不是随随便便的文字编辑工具，更不是笔记本，这些要时刻记得！

思维导图　≠　绘画工具

有很多人对思维导图有这样的误解：要有绘画功底才能画出思维导图；思维导图必须要画得漂亮才行。

事实上思维导图和画画是完全不同的两码事。绘画追求艺术效果，而思维导图注重的则是想法的视觉化呈现，它通过图文并茂的方式来展示重点信息。思维逻辑表达得不清晰，就算绘画水平再高，也无济于事。

$$\boxed{思维导图} \quad \neq \quad \boxed{图像越多越好}$$

思维导图的目标是"化繁为简"，过多的图像反而会导致画面混乱，让人抓不住重点。图像只是帮助我们理解记忆的一种手段，而不是为了画而画。

比如在做课堂笔记或会议讨论时，时间比较紧，我们只需使用简单的词清晰地展示出思考的过程即可，这样效率反而高。

3.1.2　手绘的工具有哪些

在画思维导图前，通常需要准备哪些工具？一般来说，一张纸，一支笔，再加上最重要的——你的想法，就足够了。如果希望思维导图更加丰富美观，可以准备一些涂色工具，例如马克笔、水彩笔、彩色铅笔、四色或多色圆珠笔等。手绘思维导图工具如图3-1所示。

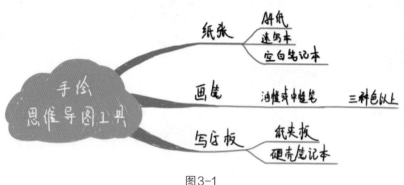

图3-1

47

图3-2

图3-3

图3-4

（1）白纸

画思维导图时所选择的纸最好是一张没有底纹的白纸，用平时最常见的A4纸就可以，如图3-2所示。对于思维导图的初学者来说，也可以选择画画用的速写本，这种本子纸张比较厚，不容易在反复擦写的时候弄皱、弄破，如图3-3所示。

纸张的尺寸不能太小。小于A5（两张A5纸等于一张A4纸的大小）的纸，不推荐使用。如果画面太小，延伸思考的空间就会受到限制。

A4纸和速写本适合在办公室、学校或家中这些固定的场所使用。A4的纸张较大，不太方便携带。所以在出门时，为了记录随时迸发的灵感，可以选择尺寸略小（展开后和A4纸差不多大）的空白笔记本，如图3-4所示，这样就可以用跨页的方式绘制思维导图了。在购买笔记本时最好选择硬壳本，外出时即使没有桌子也照样可以拿着笔记本画图。

（2）画笔

准备至少三种颜色的笔，笔的粗细程度可以根据纸张的大小来选择。对于笔，选择有很多，常用的涂色笔包括彩色铅笔、水彩笔、双头马克笔、勾线笔、多色圆珠笔等，如图3-5所示。

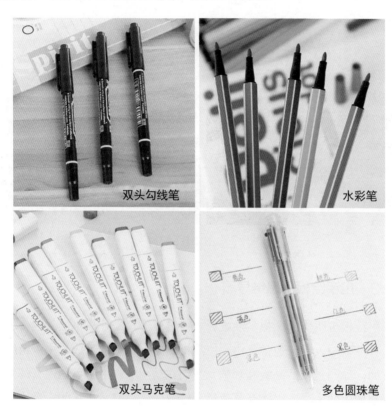

双头勾线笔 水彩笔

双头马克笔 多色圆珠笔

图3-5

在选择笔时，应注意以下几点。

① 笔头不要太细。尽量不要选择极细的笔头，因为太细的笔头通常不容易显色，淡颜色不利于强化脑中的印象。

② 不要水性笔。水性笔写出的字迹碰到水会溶解，模糊成一片，

所以不管是水彩笔还是马克笔都应该尽量选择油性或中性的。

③ 不要用黄色笔写字。黄色的饱和度较低，写出来的字不容易看清，从而增加阅读难度。不过黄色笔可以用来画插图。

（3）写字板

画思维图还有一个十分有用的工具，那就是写字板。当外出没有桌子的时候，写字板可以派上很大用场，如图3-6所示。

写字板

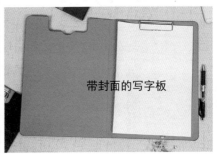
带封面的写字板

图3-6

3.1.3　用手绘板画思维导图

手绘板也叫作绘图板、绘画板、数位板等，是计算机输入设备的一种。手绘板输入设备通常是由一块绘板和一支压感笔组成，用于绘画创作方面，如同画家的画板和画笔。我们在动画电影中常见的逼真的画面和栩栩如生的人物，很多都是通过手绘板一笔一笔画出来的。手绘板可以模仿真实的笔触，画出的图形效果十分生动自然，如图3-7所示。

对于新手来说，使用手绘板可能需要一个学习的过程，在绘画之前需要准备的工具有：电脑、手绘板、数控笔。绘画步骤共分为六步：软件安装；数位板驱动安装；画出草稿；描线；上色；调整输出。图3-8是利用手绘板绘制的效果图。

图3-7

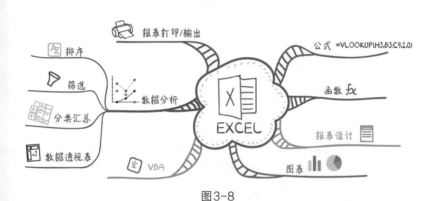

图3-8

⊙ **知识链接：**

用电子设备处理文字和图形信息是现在的流行趋势，除了手绘板，还可用平板电脑来绘制思维导图，如图3-9所示。相较于手绘板来说，用平板电脑画思维导图更加方便，只需要在平板电脑中安装绘图软件和使用平板电脑专用绘画笔即可。绘制好的思维导图可以保存成图片，方便查看，或打印成纸质文件，如图3-10所示。

图3-9

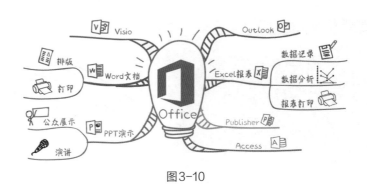

图3-10

3.1.4 手绘思维导图的原则

思维导图的绘制应遵循以下几个原则。

（1）布局

纸张横放，从中心主题开始绘制，线条呈放射状。一项内容为一个分支，按顺时针方向绘制各个分支，顺时针更符合人的看图习惯。要合理利用一张纸的空间，根据内容的多少安排每个分支的位置，如图3-11所示。

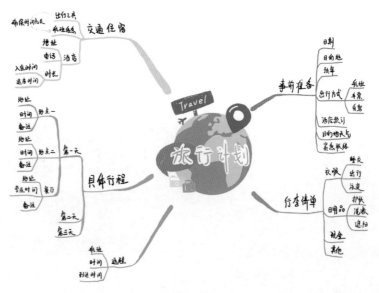

图3-11

（2）线条

线条的主要作用是呈现关键词之间的逻辑关系，比如因果、顺序等关系。主脉由粗到细，线条要画得自然流畅、灵活优美。注意同一条主脉上的线条要连贯，不要断开，不连续的线条会导致关键词分散，阻碍阅读者的联想。另外，同一主脉从头到尾只用一种颜色。图3-12是错误示范，图3-13是正确示范。

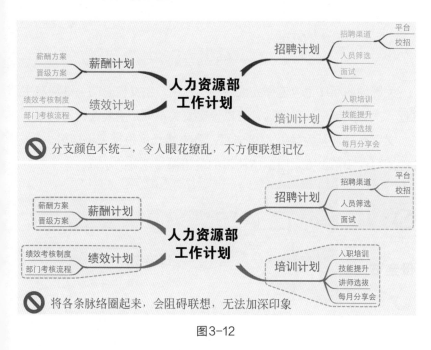

图3-12

图3-13

（3）关键词

想办法从句子中提炼关键词。如果实在不能浓缩，也要尽量使用"关键句"，绝对不要用整段的长句子。图3-14为错误与正确的示范。

图3-14

关键词的顺序也应遵循先大后小的原则，主要概念的关键词离主题更近，次要关键词离主题远，可以说次要关键词是主要关键词的细节补充。文字顺序应从左往右，横向写。分支线长度根据关键词多少而定，关键词写在线条上方。图3-15所示的是错误与正确的示范。

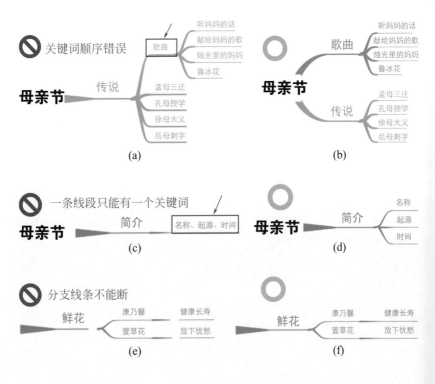

图3-15

（4）图形

在思维导图中要善于应用图形。和文字相比，图形更容易刺激人的视觉，给人以全方位的感觉冲击。思维导图的图形包括中心图和插图两种。中心图用于中心主题，该图形尽量画大一些，好突出主题内容。其他分支插图内容要与中心主题相关。图形的类型可以是写实、卡通、抽象等，只要自己能看明白就可以，如图3-16所示。

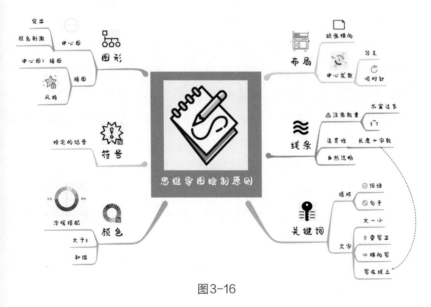

图3-16

（5）符号

思维导图中可以用符号来标注顺序、类型、重点、进度等信息。符号的类型可以是有序的数字、字母，也可以是简单的箭头或某种特定的符号，如图3-17所示。

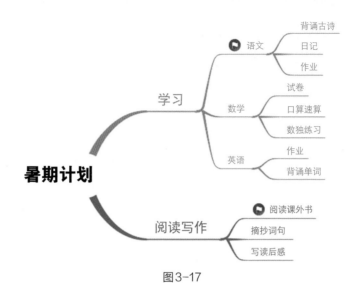

图3-17

（6）颜色

颜色能刺激大脑，加强记忆。那些学霸们的笔记本上都会用两种或三种颜色的笔来记录内容，如图3-18所示。他们会用一种颜色的笔来记录老师讲的重点，用另一种颜色的笔来记录自己对知识的理解。虽说每个人都有自己的一套整理方法和用色习惯，但他们这种学习形式是相同的。

利用不同颜色的笔来区分笔记内容，可迅速找出重点，进行理解和消化，这样的学习效率会更高。

颜色带来的感官刺激会让人印象深刻。颜色越鲜艳，记忆就越深刻。

思维导图就是利用这一特点来刺激人脑思维，加深理解，强化记忆。

在画思维导图时，至少准备三支色彩鲜艳的笔，一条分支用一种颜色。如果一条分支中需要对某一个关键词进行强调，可适当调换颜色，但不能滥用。比如每个关键词都使用不同的颜色，那就分不清哪是重点，起到了反作用。图3-19所示的是错误与正确的示范。

(一)基础

1.线面平行判定定理:如果<u>不在一个平面</u>的一条直线和平面内的一条直线平行,那么这条直线和这个平面平行。①

　$l \not\subset \alpha$, $m \subset \alpha$, $l /\!/ m \Rightarrow l /\!/ \alpha$　(线线平行,则线面平行)

2.面面平行判定定理:如果一个平面内有两条<u>相交直线</u>分别平行于另一个平面,那么这两个平面平行。②

　$a \subset \alpha$, $a /\!/ \beta$, $b \subset \alpha$, $b /\!/ \beta$, $a \cap b = A \Rightarrow \alpha /\!/ \beta$　(线面平行,则面面平行)

☆3.线面平行性质定理:如果一条直线和一个平面平行,经过这条直线的平面和这个平面相交,那么这条直线和交线平行。③　(可视为线线平行判定定理)

　$a /\!/ \alpha$, $a \subset \beta$, $\alpha \cap \beta = b \Rightarrow a /\!/ b$　(线面平行,则线线平行)

4.面面平行性质定理:如果两个平行平面同时与第三个平面相交,那它们的交线平行。④

　$\alpha /\!/ \beta$, $\gamma \cap \alpha = a$, $\gamma \cap \beta = b \Rightarrow a /\!/ b$　(面面平行,则线线平行)

　两个平面平行,其中一个平面内的<u>任何一条直线</u>必平行于另一个平面。⑤

　$\alpha /\!/ \beta$, $a \subset \alpha \Rightarrow a /\!/ \beta$　(面面平行,则线面平行)

5、面面平行判定的推论:如果一个平面内有两条<u>相交直线</u>分别平行于另一个平面内的两条相交直线,那么这两个平面平行。⑥

　$a \subset \alpha$, $b \subset \alpha$, $a \cap b = A$; $c \subset \beta$, $d \subset \beta$, $c \cap d = B$; $a /\!/ c$, $b /\!/ d \Rightarrow \alpha /\!/ \beta$

(线线平行,则面面平行)

6.总结:①图示:公理4　　②低维→高维:称判定
　　　　　　　线线平行　　　　　高维→低维:称性质

　　　　　　①∥② ④∥⑤
　　　线面平行 ⇄ 面面平行
　　　　　　③　　　⑥

图3-18

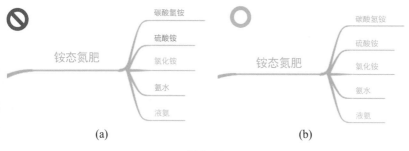

|(a)|(b)|

图3-19

知识链接:

　　颜色可以冷（青、蓝、紫、绿、灰）暖（红、橙、黄、粉红）搭配，使其看起来泾渭分明即可，如图3-20所示。当然，如能搭配出美观、和谐的色彩效果更好。

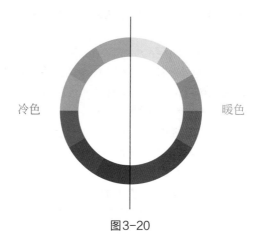

冷色　　　　　　　　　　　　　　　　　　暖色

图3-20

3.2　开始绘制思维导图

　　手绘思维导图看似简单，但是初学者自己动手绘制的时候，往往会发现无从下手。下面来学一下思维导图的具体绘制步骤以及思维导图中的色彩应用原则。

3.2.1　思维导图绘制步骤

　　准备一盒彩笔和一张A4纸，开始绘制思维导图吧！绘制流程如图3-21所示。

确定主题 ⟶ 分支连接线 ⟶ 提取关键词 ⟶ 画插图

图3-21

第一步：确定好主题，然后在纸张的中心画出主图，如图3-22所示。

图3-22

第二步：绘制分支。主脉是由粗到细渐变的曲线，从主脉的最后一点来画支脉。颜色越鲜艳越好，这样能够让我们整个思维导图更加生动，而且更容易刺激到我们大脑的记忆和创意，如图3-23所示。

图3-23

第三步：将提取出来的关键词写在分支上，如图 3-24 所示。

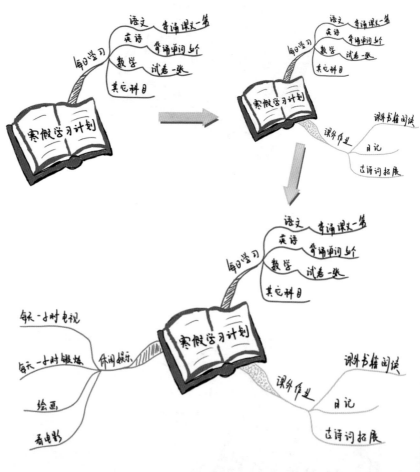

图 3-24

第四步：可以用小插画，比如表情、火柴人、星星人等，或者说数字符号来进行视觉上面的辅助，如图 3-25 所示。

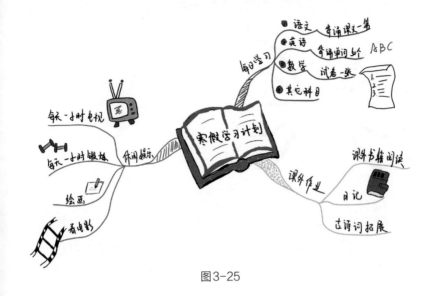

图3-25

3.2.2 思维导图色彩应用原则

思维导图是一种结合左脑逻辑语言与右脑图像创意的笔记工具和思考工具。如果想要加速提升并活化大脑的各项能力，可绘制图文并茂的思维导图。

视觉是大脑与外界接触的第一感觉，颜色丰富的物体往往更能吸引人的注意力，在大脑中留下深刻的印象。色彩也是生活中不可缺少的表现元素。人们可以通过色彩辨识物体，也可以通过色彩表达情感。不同的色彩可以带给人不同的心理感受。

要想让思维导图拥有强烈的视觉冲击，最重要的便是色彩的运用，而对于颜色的使用要求只有两个：第一，冷暖搭配；第二，一类一色。

（1）冷暖搭配

这里所说的冷暖指的是颜色的属性。色彩的冷暖是相对的，所谓暖色，是让人感觉温暖的颜色；冷色，是让人感觉凉爽、寒冷的颜色。人类对色彩的冷暖感知是通过长期的生活实践自由联想而形成的，图3-26所示的是色彩冷暖给人的感知。

图3-26

冷暖两种颜色没有严格的界定，它们是颜色与颜色之间相对而言的。例如，同样是红色，偏黄的红色感觉比较暖，而偏蓝的红色就感觉比较冷，如图3-27所示。通常我们想要区分冷暖色，可利用色盘来区分，如图3-28所示。

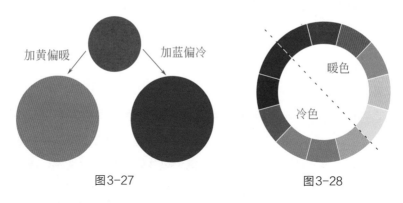

图3-27   图3-28

暖色包含：红紫、红、红橙、橙、黄橙、黄；冷色包含：黄绿、绿、蓝绿、蓝、蓝紫、紫。虽然思维导图强调颜色对大脑的活化效果，但要在配色上耗费太多时间无疑是得不偿失的，毕竟这不是美术课。在思维导图的配色方面可以参看以下配色方案。

① 互补色。对比强烈的两种颜色可以起到突出主题、加深印象的效果，可以使用12色相环上相隔180°的冷暖色组合，例如黄色与紫色组合，红色与绿色组合等，如图3-29所示。

② 三等色。色环上相隔120°的三种颜色也是不错的搭配。在颜色的饱和度上可能不是太高，但是同样会给人带来活泼的感觉，如图3-30所示。

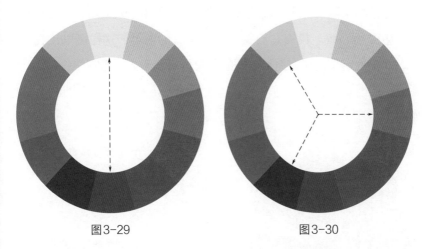

图3-29　　　　　　　　　　　　　图3-30

③ 矩形配色。使用两组互补色通常可以组合出缤纷夺目的效果，如图3-31所示。

④ 相似色。在色环上比较邻近的颜色称为相似色。相似色强调的是和谐的配色效果。这种配色比较柔和，但是其缺点也比较明显：由于颜色的对比没那么强烈，对大脑的刺激也相对较弱，如图3-32所示。

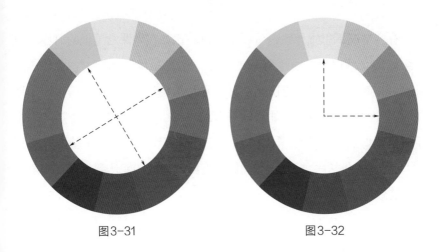

图3-31　　　　　　　　　　　　　图3-32

（2）一类一色

颜色还有一个很重要的作用，那就是区分类别。在思维导图中，同一个类别要用同一种线条颜色来表示，即一条主干及其所包含的所有分支颜色必须一致，代表它们属于同一类目的内容。这样可以让我们快速、准确地定位信息。而且不同的色块可以刺激大脑感官体验，提升注意力，同时可以强化我们对内容的理解程度，对提升记忆力也有帮助，如图3-33所示。

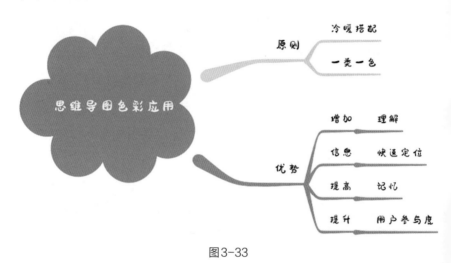

图3-33

有些情况下思维导图也可以是素色，比如在做课堂笔记的时候，或做会议记录的时候，由于时间的关系，素色思维导图即可，如图3-34所示。有些情况下思维导图甚至可以是几条线和几个词语，简单明了地展现思考的过程即可，比如做发言大纲。当然，能绘制图文并茂的思维导图是最好的，因为除了词语、线条、逻辑等充分调动左脑之外，颜色、形状、空间等会充分调动我们的右脑，如此才能达到打造"黄金大脑"的效果。

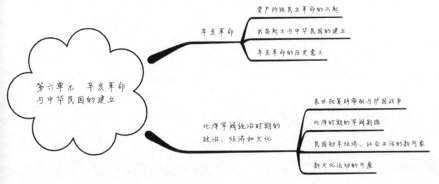

图3-34

知识链接：

　　用颜色表达对该类别信息的感受。每个类别都有着独特的中心思想，可以通过色彩来定义某种认知意义。例如用红色表示重点，绿色表示鲜活，紫色表示权威等，建立起一套通用的颜色规范并应用在思维导图中，可以为思维导图增加一个表达维度，如图3-35所示。

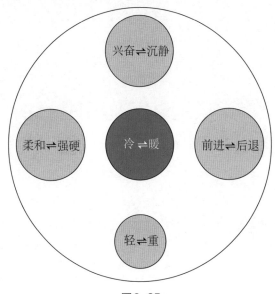

图3-35

65

软件绘制思维导图更智能

要创新需要一定的灵感，这灵感不是天生的，而是来自长期的积累与全身心的投入。没有积累就不会有创新。

——王业宁

4.1 常用思维导图绘制工具

除了手绘思维导图，我们也可选择专业的思维导图软件来绘制思维导图。目前市面上的思维导图绘制工具有很多。下面先来了解一下手绘思维导图和电脑软件绘制思维导图分别有哪些优势和不足，以及有哪些常用的思维导图软件。

4.1.1 手绘和软件绘制思维导图的区别

有人认为只有手绘的思维导图才能真正体现出思维导图的优势，电脑软件作图无法达到思维导图的真正目的。其实这种说法很主观，从客观的角度来看不管是手绘思维导图还是电脑软件绘图都各有优势和不足。

（1）手绘思维导图（图4-1）

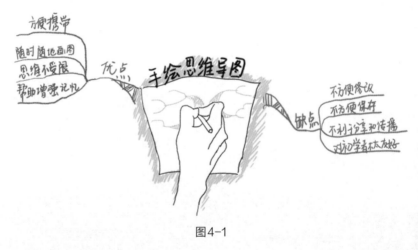

图4-1

① 优点。

● 手绘思维导图可随时随地进行，一张纸、一支笔就足够了。

● 手绘时思维不会受到太多拘束，可以天马行空，想到哪就画到哪。

● 通过手绘各种图形来表达自己的思想，这一点在软件中是很难做到的。

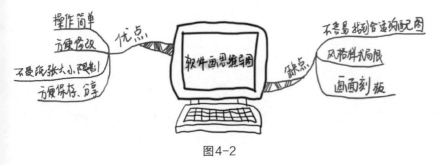

- 动手绘制图形可以帮助我们增强记忆，加深印象。

② 缺点。

- 用思维导图激发和整理思维时会经常冒出新的想法，这就要求对原有结构进行调整，但这却是手绘思维导图最大的难题。为了解决这个问题，一幅图可能需要画上很多遍才能最终成稿。

- 手绘的思维导图不利于保存、传播和分享。

- 对于绘画功底较差的人来说，手绘思维导图具有一定难度，因此会带来较强的挫败感，从而导致放弃手绘思维导图。

（2）软件绘制思维导图（图4-2）

图4-2

① 优点。

- 简单，易操作。比较适合新手使用。

- 方便修改，随时增加或删除主题。

- 不受纸张大小限制。

- 方便保存和分享。

② 缺点。

- 不容易找到合适的配图。

- 可选的图形风格及样式不多，比较局限。

- 画面整体比较刻板。

在绘制思维导图方式的选择上，并不是非此即彼。在现实生活中，我们完全可以结合手动绘制和计算机软件绘制两者的特点，根据实际情况具体选择合适的方式。例如在手绘时，画完之后及时拍照保存；在用软件制作思维导图时可以多找一些可用的图标，必要时还可以通过手绘补充图标等。

4.1.2　计算机绘制思维导图的工具有哪些

目前可供用户选择的思维导图软件还是很多的，例如WPS组合套件中的"思维导图"、MindMaster、XMind等。另外还有一些思维导图的在线编辑器，在网页中就可以直接编辑思维导图。图4-3所示为思维导图软件新建界面。

图4-3

4.1.3　WPS思维导图

国产办公软件WPS融合了思维导图的绘制功能，用户可在"思维导图"专区中绘制自己想要的电子版思维导图。以下操作均在WPS

Office 2022版本中进行。

（1）充分利用软件自带模板

WPS内置了很多思维导图模板，在模板的基础上创建思维导图可以节省很多时间，因为模板提供了样式和配色，用户只需要修改文字就行了。接下来将介绍如何使用脑图模板。

启动WPS并进入"思维导图"专区，在这里有很多思维导图的模板，用户只需要选择合适的类型然后下载使用即可，如图4-4所示。

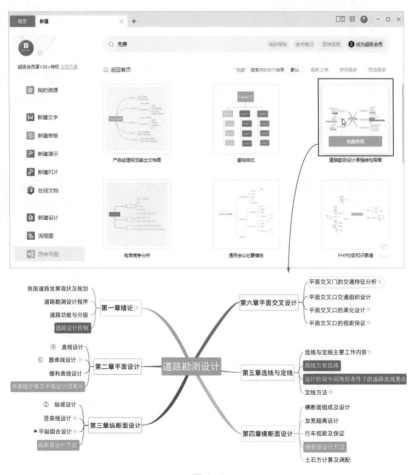

图4-4

（2）在空白画布上创建思维导图

除了使用模板创建脑图外，用户也可从一张空白画布开始，从零开始新建一张思维导图。在"思维导图"的新建界面单击"新建空白思维导图"，WPS随即会新建一个画布，画布中心包含一个未命名的中心主题，如图4-5所示。

图4-5

通过菜单栏中的"子主题"（快捷键Tab）、"同级主题"（快捷键Enter）以及"父主题"按钮可以向思维导图中添加相应的主题，如图4-6所示。

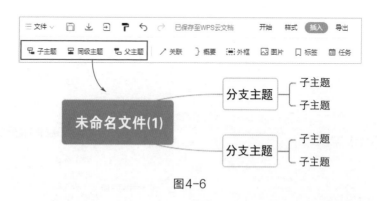

图4-6

双击可激活指定主题的文本编辑状态，随后修改主题中的文本，如图4-7所示。

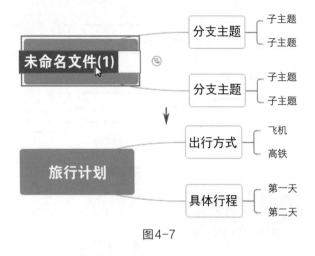

图4-7

（3）选择合适的思维导图风格

WPS提供了各种思维导图"风格"选项，用以快速美化思维导图。用户可以通过"风格"类型的选择实现"一类一色"的基本配色原则。如果想获得独具一格的效果，也可以手动设置各主题以及线条的颜色，只是这样操作需要稍微花费一些时间。一些经典风格如图4-8所示。

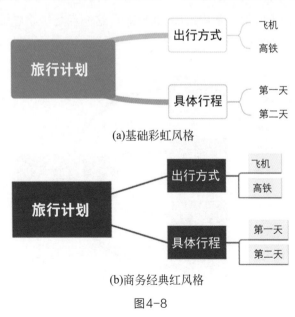

(a)基础彩虹风格

(b)商务经典红风格

图4-8

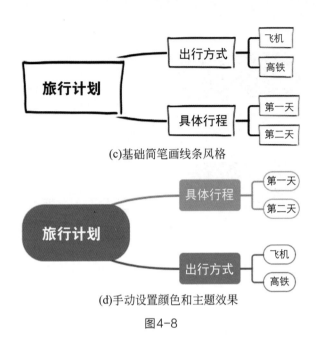

(c)基础简笔画线条风格

(d)手动设置颜色和主题效果

图4-8

（4）自由选择思维导图结构

使用软件绘制思维导图有一个非常大的优势，那就是它可以随时更改结构（图4-9所示为常用的图示结构）。这一点是手绘思维导图无论如何都无法做到的。

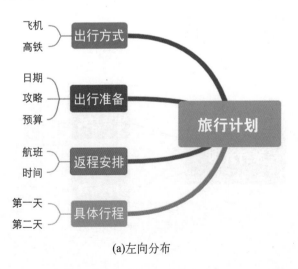

(a)左向分布

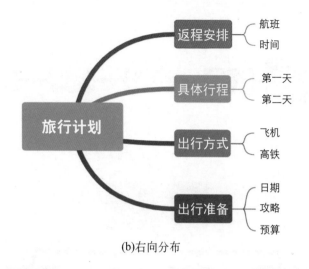

(b)右向分布

(c)自由分布

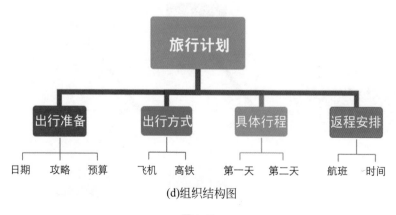

(d)组织结构图

图4-9

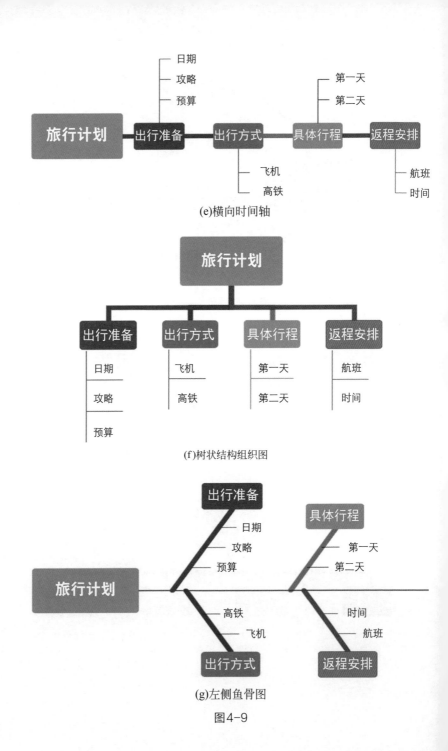

(e)横向时间轴

(f)树状结构组织图

(g)左侧鱼骨图

图4-9

4.1.4 用WPS思维导图制作读书笔记

（1）熟悉软件菜单

使用软件制作思维导图之前，最好先熟悉软件菜单中各项命令按钮的位置及作用。思维导图软件的操作通常比较简单，WPS思维导图也不例外。创建思维导图时主要通过"开始""样式"以及"插入"三个菜单中的命令按钮来执行各项操作。主要菜单如图4-10所示。

图4-10

（2）开始制作思维导图

① 新建思维导图。首先创建空白思维导图，并在中心主题中输入文本。

② 向中心主题中添加图片。选择中心主题，通过"图片"命令打开"插入图片"对话框，从计算机中选择提前准备好的图片，如图4-11所示。

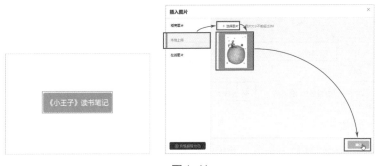

图4-11

③ 图片插入后可通过拖拽图片右下角的蓝色控制点调整大小。另外，利用主题顶部快捷菜单中的命令按钮可以调整文本在图片的指定位置显示，如图4-12所示。

图4-12

④ 创建分支。选中某个主题后按Tab键可创建基于当前主题的子主题，按Enter键可以创建基于当前主题的同级主题。这两个快捷键的作用在大多数思维导图软件中都是通用的。当然也可使用菜单中的"子主题""同级主题"命令创建相应的主题，而"父主题"命令通常在添加当前主题的上一级主题时使用，如图4-13所示。

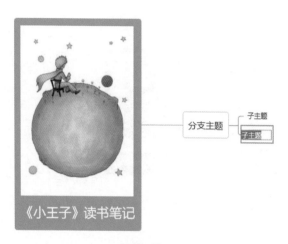

图4-13

⑤ 输入文本。双击主题可以进入到文本编辑状态，在各主题中输入需要的文本，先完成一个分支，如图4-14所示。

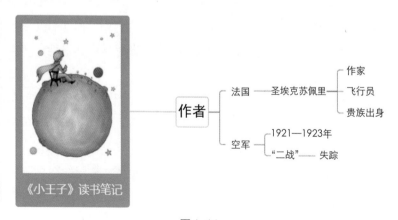

图4-14

⑥ 完成所有分支的创建。充分发散思维，根据迸发的灵感继续为中心主题添加其他分支，注意关键词的提炼，如图4-15所示。

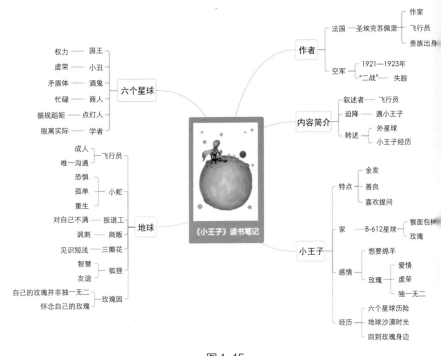

图4-15

⑦ 设置各分支颜色。为每个分支设置不同的颜色，颜色可在所有分支创建完成后统一设置，也可在一个分支的内容创建完毕后立刻设置该分支的颜色。但是考虑到逐一设置颜色会打断思维的连贯性，所以还是最后设置颜色更好。

用户可以参照前面对菜单栏中命令按钮的介绍，从"开始"菜单中选择不同的命令，设置字体、字号、文字颜色等。从"样式"菜单中选择命令来设置线条和主题的颜色和效果，如图4-16所示。

⑧ 添加图标。思维导图软件一般都会内置一些常用的图标。例如数字、表情、箭头、旗帜等。WPS思维导图的图标包含在"插入"菜单中，如图4-17所示。

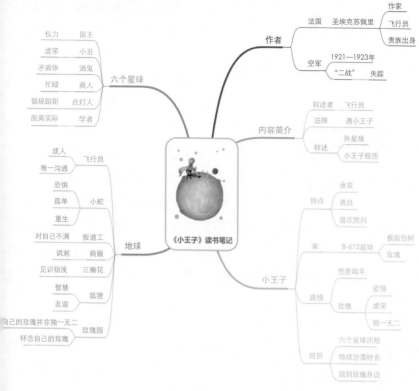

图4-16

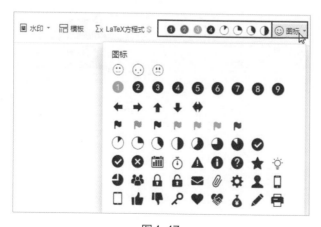

图4-17

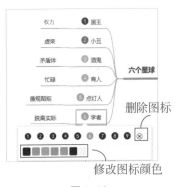

删除图标

修改图标颜色

图4-18

⑨ 修改图标颜色。插入图标后，选中当前主题，然后单击图标，可以激活屏幕快捷菜单。利用快捷菜单中提供的颜色可以修改图标颜色，如图4-18所示。

⑩ 在任意位置添加图形。和手绘思维导图相比，用软件制作思维导图时图形的添加相对比较麻烦。在主题中插入图形后图形的位置不能随意调整，图形太大时会影响分支的整体位置，图形缩放太小时又看不清楚。如果用户也有这方面的困扰，不妨尝试利用自由主题来添加图形，这样一来，不仅可以在思维导图的任意位置添加图形，而且可以根据需要调整图形的大小。

在WPS中创建自由主题的方法非常简单，只要在画布空白处双击鼠标即可创建一个自由主题。拖动自由主题即可将其移动到需要的位置，如图4-19所示。

双击鼠标创建自由主题　　　　在自由主题中插入图片

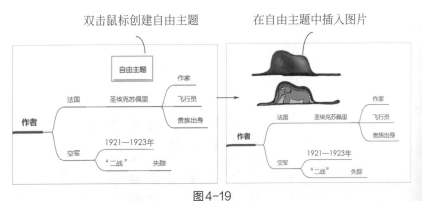

图4-19

知识链接：

在自由主题中插入图片后，将边框颜色设置成"透明色"，删除"自由主题"文本内容，可以让图片看起来更自然。

制作思维导图前可以先搜集相关图像，不需要追求图像的"高清分辨率"，因为图像越高清则体积越大。为了避免软件的卡顿现象，最好对高清图片进行压缩处理后再使用，如图4-20所示。

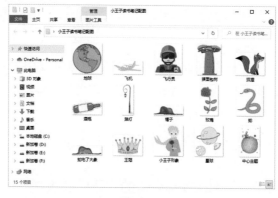

图4-20

用软件在短时间内制作出的思维导图看起来是不是也很不错呢，如图4-21所示。

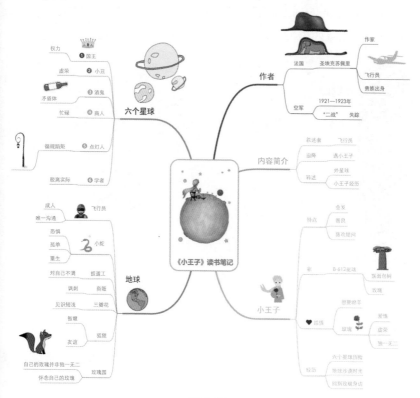

图4-21

4.2　用 MindMaster 制作思维导图

　　MindMaster也是较为常用的思维导图软件。它在整理工作思路，简化工作流程，做好会议记录，进行任务管理、时间管理等方面都非常实用。MindMaster拥有比较好的中文支持，操作起来也很方便。以下操作均在MindMaster 8.0版本中进行。

4.2.1　利用软件自带的主题模板绘制

　　使用软件自带的模板可以节省用户自行设置思维导图样式的时间，从而提高绘制效率。

　　① 启动MindMaster软件，在"新建"界面的"经典模板"选项组中选择一款满意的模板，双击可打开该模板，如图4-22所示。

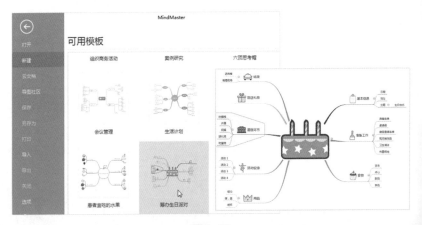

图4-22

　　② 删除模板多余的分支内容。将分支主题内容进行更改，并设置好其字体大小，如图4-23所示。

　　③ 如果想要调整某个分支主题的位置，可以选中该分支主题，按住鼠标左键不放，向目标位置拖动，当目标位置出现提示色块时松开鼠标即可，如图4-24所示。

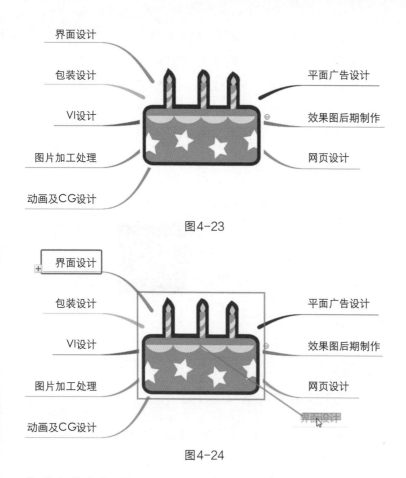

图4-23

图4-24

④ 将各分支主题的文本颜色设置成和线条相同的颜色，如图4-25 所示。

图4-25

⑤ 当前模板的中心主题图形明显和各分支的内容不符，需要更改图形。选中主题图片，在"主题格式"窗格的"图片位置"选项组中单击"图片显示在文字后面"下拉按钮，选择"图片"选项，在随后打开的对话框中选择要使用的图片，并将其插入到新主题中，原先的蛋糕图片便会被所选图形替换，如图4-26所示。

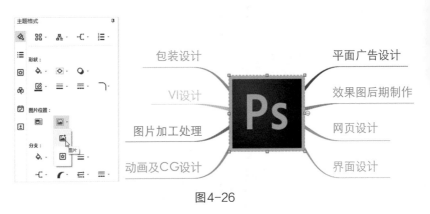

图4-26

4.2.2 在空白画布中绘制思维导图

各种思维导图软件的操作方法都大同小异，本节将详细介绍如何使用MindMaster在空白画布中绘制思维导图。

（1）创建思维导图

① 启动MindMaster软件，在"可用模板"界面中的"空白模板"列表中，双击"思维导图"选项可以新建画布，如图4-27所示。

② 画布中默认包含中心主题。双击"中心主题"进入文字编辑状态，输入思维导图主题内容。然后单击该主题右侧"➕"按钮（或按Tab键），系统会自动创建一个分支，如图4-28所示。

③ 选中该分支主题，按Enter键创建一个同级的分支主题，继续按Enter键则可以继续创建同级主题，随手修改分支主题中的文本内容。用这个方法创建所有分支主题，如图4-29所示。

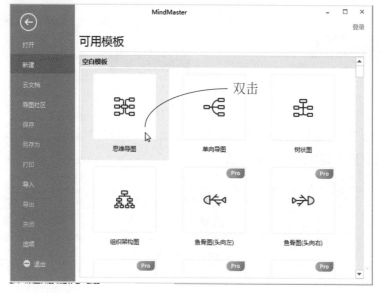

图4-27

图4-28

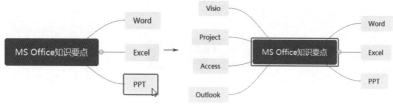

图4-29

④ 选中"Word"分支主题,单击右侧"➕"按钮(或按Tab键),添加子主题,并修改子主题内容。随后选中新添加的子主题,按Enter键,完成Word分支上其他子主题的创建,如图4-30所示。

图4-30

⑤ 制作过程中要想删除多余的分支，可以选中该分支，按Delete键将其删除即可，如图4-31所示。

图4-31

⑥ 使用快捷键或功能区按钮，依次为各分支主题添加子主题，并输入文本内容完成所有分支的创建，如图4-32所示。

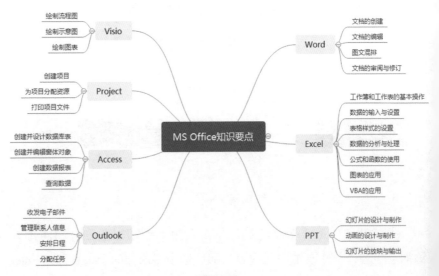

图4-32

⑦ 在查看思维导图时可以利用各主题后的"⊖"或"⊕"按钮，折叠或展开主题，如图4-33所示。

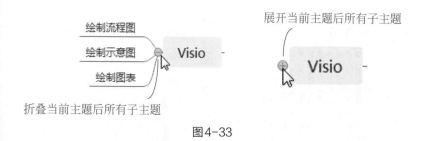

图4-33

（2）美化思维导图

为了让思维导图更具有逻辑性，更加漂亮、美观，还需要对其进行适当的美化。

① 选中中心主题，在右侧"主题格式"窗格中单击"形状样式"下拉按钮，在其列表中选中一款样式，此处选择"云星"形状。中心主题的形状即可得到相应更改，如图4-34所示。

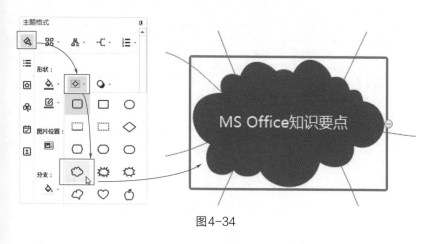

图4-34

② 保持中心主题为选中状态，单击"形状填充"下拉按钮，在颜色列表中选择一款填充颜色，这里选择白色。随后单击"线条颜色"下拉按钮，选择一款绿色，作为形状轮廓色，如图4-35所示。

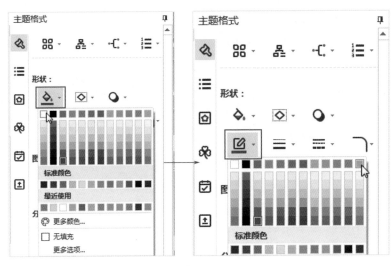

图4-35

③ 在"字体"选项中将字号设为"19"，单击"加粗"按钮，将其加粗显示。同时单击"文本颜色"按钮，将其颜色设为绿色。中心主题样式随着设置发生相应的变化，如图4-36所示。

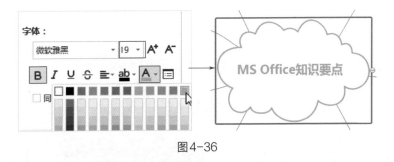

图4-36

④ 选择中心主题，在"主题格式"窗格中单击"分支样式"下拉按钮，选择一款样式。将主脉的连接线设置为由粗到细的渐变线，如图4-37所示。

⑤ 选中"Word"分支主题，单击"形状样式"下拉按钮，选择一款样式；单击"线条颜色"下拉按钮，选择一款颜色；单击"宽度"下拉按钮，设置线条的宽度值，如图4-38所示。

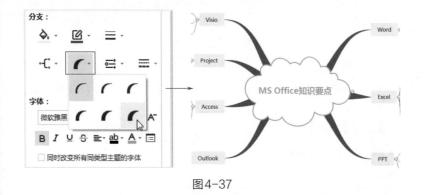

图4-37

图4-38

⑥ 在"分支"选项组中单击"分支线条颜色"按钮，设置主脉连接线的颜色。注意，该颜色应与"线条颜色"相同。同样在"分支"选项组中，单击"分支样式"按钮，设置分支的连接线样式，如图4-39所示。

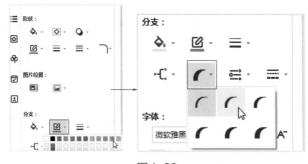

图4-39

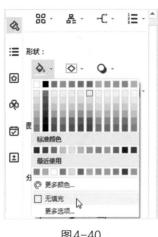

图4-40

⑦ 在"形状"选项组中单击"形状填充"下拉按钮，然后选择"无填充"选项，取消底纹显示，如图4-40所示。

⑧ 在"字体"选项组中设置"Word"分支主题，以及该分支现所有子主题的字体样式，如图4-41所示。

知识链接：

当有很多子主题时可使用鼠标框选的方式一次性选中多个子主题。按住Ctrl键不放，同时按住鼠标左键进行拖动可实现框选。

图4-41

⑨ 按照"Word"分支的设置方法，依次设置其他分支中主题和线条的样式，如图4-42所示。

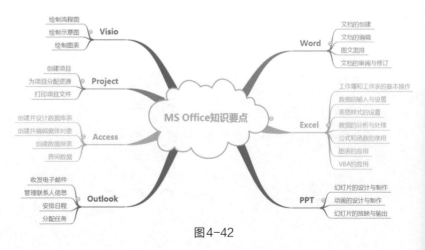

图4-42

在MindMaster的菜单栏中有多种"高级"设置操作，例如甘特图、头脑风暴、查找和替换等，用户根据需要选择要执行的命令即可，如图4-43所示。

图4-43

（3）输出思维导图

用软件制作思维导图的其中一个优势便是方便输出和分享。思维导图制作完成后，可以根据需要将其输出为指定的文件格式，例如PDF、JPG等。下面将以输出PDF格式文件为例，来介绍具体的输出操作。

① 单击"文件"选项卡选择"导出"选项，在"导出"列表中选择"PDF格式"选项，如图4-44所示。

图4-44

② 系统随即会弹出"导出"对话框，设置好保存的位置及文件名，单击"保存"按钮。在"导出到PDF"对话框中设置好"页面尺寸"与

"方向"，单击"确定"按钮即可将当前思维导图导出成PDF文件，如图4-45所示。

图4-45

4.2.3 用MindMaster制作周工作计划

在日常工作中，做好相应的计划，才能提升工作效率。下面将以制作周工作计划为例，来介绍工作计划思维导图的绘制方法。

① 新建一个空白模板文件，选中"中心主题"内容，将其替换成所需图片。然后按Enter键，插入分支主题，并输入该主题内容。利用Enter键完成其他分支主题内容的添加，如图4-46所示。

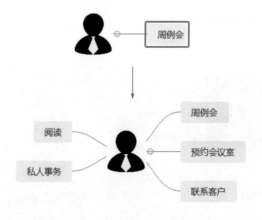

图4-46

② 选中"周例会"分支主题，单击"➕"按钮，添加子主题并输入子主题内容。接着按照同样的方法，完成其他分支的创建，如图4-47所示。

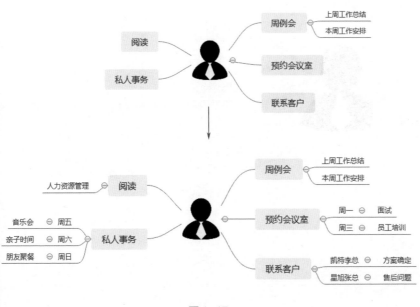

图4-47

③ 完成周计划内容后，用户可以继续设置各分支的颜色，对思维导图进行美化，如图4-48所示。

图4-48

④ 对于重要的工作事项还可以添加图标来体现其重要性。例如，选中"联系客户"主题，单击"图标"按钮，选择"星"图标为该主题添加星级图标，如图4-49所示。

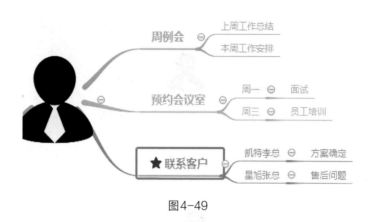

图4-49

第 **5** 章

工作和学习
的良好工具

在创新活动中，只有知识广博、
信息灵敏、理论功底深厚、实践
经验丰富的人，才易于在多学
科、多专业的结合创新中和跳跃
性的创造性思维中求得较大的
突破。

——郎加明

5.1 用思维导图做工作汇报

工作汇报在职场中是再常见不过的。有些人虽然汇报的时间很长，但是表达不清晰，没有重点，领导就不得不打断汇报来进行提问。对于提问，如果没有提前做准备，答不上来，这样的汇报无疑是失败的。那么有效的工作汇报应该注意些什么呢？

5.1.1 工作汇报的内容

无论是写电子版的工作汇报、述职报告、年度计划、项目策划等，还是要口述报告内容，都要做到逻辑清晰、条理明确、突出重点。要做到这几点需要以下三个部分：概括、工作情况、工作计划。这些内容可以先用思维导图画出来，如图5-1所示。

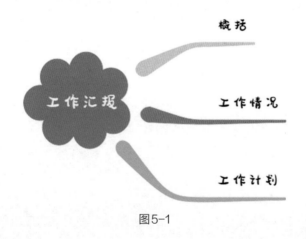

图5-1

（1）概括

在汇报工作时，首先要用简单明了的语言概括你要汇报的工作内容。这一段可从三个方面来说明：第一是汇报的工作内容，第二是工作内容的背景，第三是工作的进展。

例如，现在汇报的是一项新产品的销售和推广工作。可以这样说：

"我来汇报一下关于某某产品的销售和推广情况。为了提高产品的知名度，我们通过视频网站、社交媒体等方法进行了宣传，并在各大超市开展了产品试吃活动，销售任务已经完成了90%。"

（2）工作情况

概括结束以后，需要分析工作的具体情况。首先是工作的最终结果，用数据证明工作是成功的还是失败的。其次要分析工作中遇到的问题、问题产生的原因以及如何解决这些问题等。当然也要说完成得比较好的地方，还有学习到了什么。

（3）工作计划

工作计划必须是与公司战略一致的，列出具体工作安排，可以按季度或按月份安排工作，并定下目标，如图5-2所示。

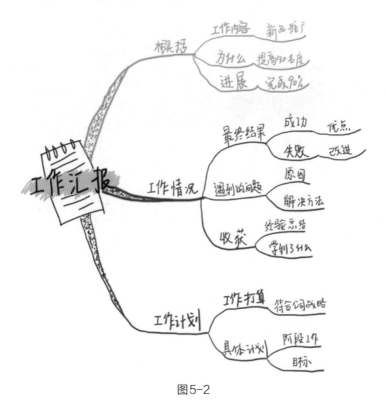

图5-2

用思维导图做工作总结时，也可根据要汇报的内容灵活变化思维导图的版式，让每个分支呈现一项内容，只要条理清晰、简明扼要、有重点就可以，如图5-3所示。

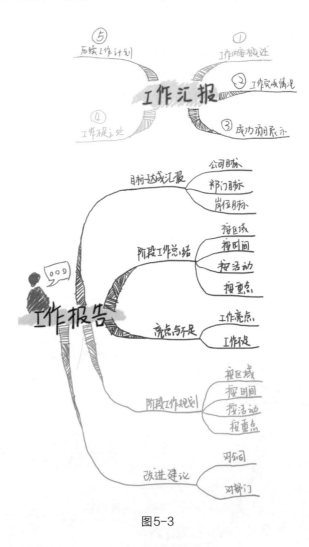

图5-3

知识拓展：

做工作汇报时要注意7点，如图5-4所示。

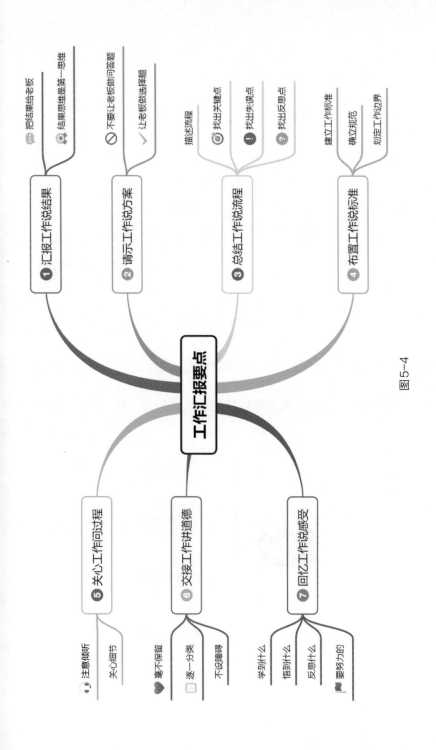

图5-4

① 汇报工作说结果；

② 请示工作说方案；

③ 总结工作说流程；

④ 布置工作说标准；

⑤ 关心工作问过程；

⑥ 交接工作讲道德；

⑦ 回忆工作说感受。

同时，还要注意：

● 讲结果，不讲理由；

● 讲重点，不讲细节；

● 讲数据，不讲大概；

● 汇报结果而不要邀功；

● 汇报不主动，工作很被动；

● 汇报不及时，节点会延迟；

● 汇报不越级，否则没章法；

● 汇报小事不能多讲，大事不能少讲；

● 汇报不可只报喜不报忧；

● 汇报时不可以批评他人。

5.1.2 用思维导图做工作汇报的优势

用思维导图做工作汇报的好处包括以下 4 点，如图 5-5 所示。

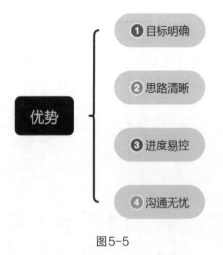

图5-5

（1）目标明确

思维导图的特点是围绕一个中心主题，向外发散。用思维导图做工作汇报时，可以保证围绕汇报主题进行思考和聚焦，不会跑题。

（2）思路清晰

思维导图围绕汇报主题进行发散或聚合，不管是发散还是聚合，都会促进我们深入思考，思考使人的思路更加清晰。

（3）进度易控

思维导图有明确的结构、清晰的层级、精准的关键词，在汇报的过程中，可以根据需要决定详细汇报还是快速汇报。时间紧张或者领导只关注结果时，可以只汇报一级分支内容；时间充裕或者领导关注细节时，就要详细汇报。汇报时间、内容、深度容易掌控。

（4）沟通无忧

思维导图能够将工作报告条理清晰地呈现出来，从而让汇报者更容易讲清楚汇报内容，让传递的信息更准确，领导也能听得明白，从而达到沟通无忧的汇报目的。

5.1.3　用思维导图做工作汇报的步骤

用思维导图做工作汇报的步骤如图5-6所示。

图5-6

（1）确定主题

要明确汇报的主题，围绕主题汇报，做到有的放矢。

（2）构思框架

围绕要汇报的主题进行思考，确定汇报结构框架，也就是分几部分进行汇报。一个部分用一个分支表示。

（3）梳理内容

按照结构框架逐一梳理汇报内容。在主干后面画分支线，用关键词呈现内容。

（4）突出重点

汇报时，要注意详略得当，重点突出。次要内容简单描述，重点内容详细描述，如图5-7为工作复盘的思维导图。

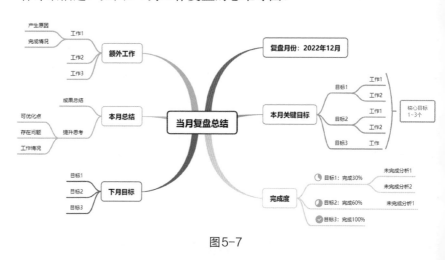

图5-7

5.2　思维导图在活动策划中的应用

策划是通过严密的分析和创新的思维对活动或项目所拥有资源的挖掘、整合、配置，找到一种低成本、高效率实现目标的途径。而所谓的"资源"是相对的，观察和分析问题的角度不同，得到的资源数量和质量也差别很大。资源的"流量"取决于应用资源人的思维方式。思维导图恰恰可以帮助策划者拥有更好的思维方式。

使用思维导图来做"策划"，可以建立多级任务、添加批注、在任务间建立联系，既能体现逻辑思维，又不会出现混乱。无论事件多复杂，你都可以把握重心。

5.2.1 活动策划包含的内容

一个完整的策划过程分为准备期、策划期、执行期、传播期、复盘期，每个阶段都需要认真地筹划。活动策划主要包含如图5-8所示的内容。

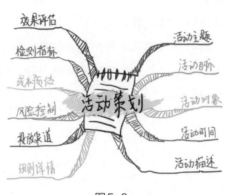

图5-8

5.2.2 如何用思维导图开展活动策划

一场活动策划通常会耗费策划者大量的精力来考虑方案、规则和细节。对于新人来说往往不知道从何下手。下面将通过5W2H分析法帮助策划者理清做活动策划的思路。

5W2H分析法又叫七问分析法。其特点是简单、方便，易于理解，富有启发意义，广泛用于企业管理和技术活动，对于制订决策和执行性的活动措施也非常有帮助，也有助于弥补考虑问题的疏漏。

所谓的5W2H，即用以下五个以W开头的英语单词和两个以H开头的英语单词进行设问，发现解决问题的线索，寻找发明思路，进行设计构思，从而搞出新的发明项目。

① What——是什么？目的是什么？做什么工作？

② Why——为什么要做？可不可以不做？有没有替代方案？

③ Who——谁？由谁来做？

④ When——何时？什么时间做？什么时机最适宜？

⑤ Where——何处？在哪里做？

⑥ How to——怎么做？如何提高效率？如何实施？方法是什么？

⑦ How much——多少？做到什么程度？数量如何？质量水平如何？费用产出如何？

在运用5W2H分析法时，最好结合思维导图来实践。从活动或项目的中心开始展开、拆分，利用思维导图的发散性，可以让你具体考虑到每一个细节，保障方案的全面性，产生更多的可能，也可以由此想到更多的方法，如图5-9所示。

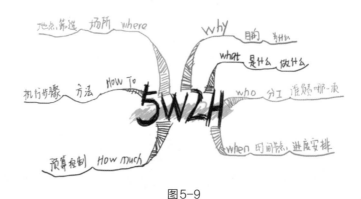

图5-9

策划一场活动要注意以下四个方面：活动设计与费用预算、活动风险管控与应急预案、活动数据监测与应对策略、活动效果判定与总结。例如，图5-10所示的思维导图包含了活动的构思选题、切入点、上线注意事项、引流、效果分析等，活动策划的每一事项几乎都提到了，也有对应的处理方式。

如果要用思维导图展示一场大型峰会的策划与执行流程，可以从参与部门、客户需求、活动目的、预算与策划、现场执行、结果评估、方案复盘等角度发散出分支，然后填充具体方案和流程，如图5-11所示。

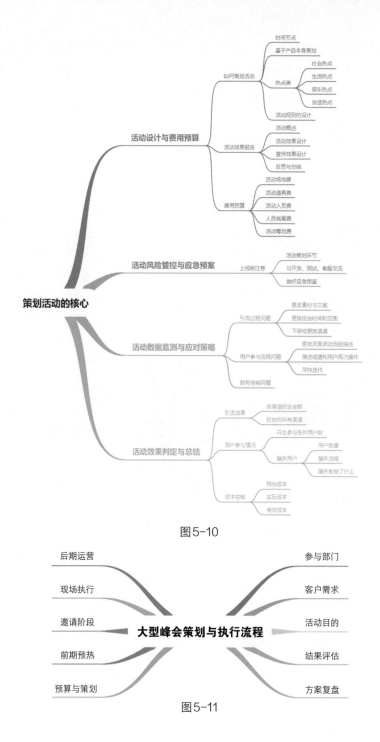

图5-10

图5-11

图5-12所示的思维导图展示的是某大型峰会策划与执行流程的大概过程。使用思维导图软件制作这种大型思维导图时可以很方便地控制每个分支主题和子主题的折叠或显示。

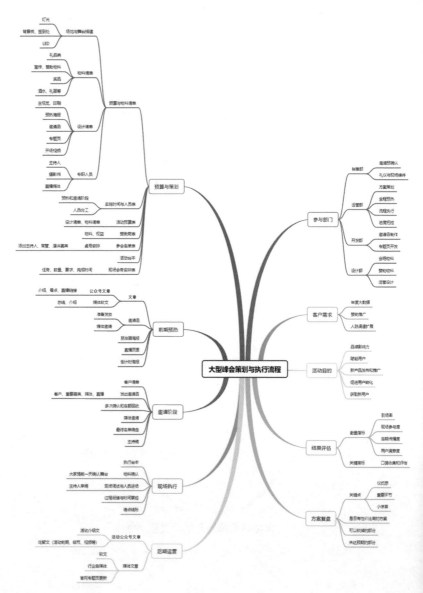

图5-12

5.3　思维导图在教育和学习中的应用

思维导图是提高工作、学习、生活效率的工具，在学习和教学中也有着十分普遍的应用。学生可以用思维导图学习、做学习笔记，老师可以用思维导图备课、教学等，如图5-13所示。

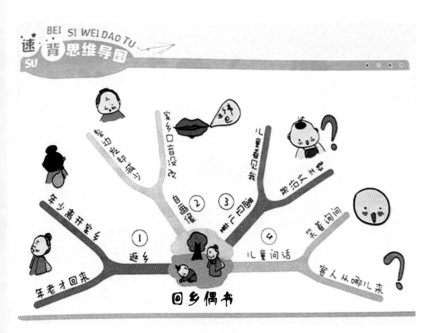

图5-13

5.3.1　为什么要用思维导图教学

老师使用思维导图可以在备课时对需要讲解的知识点进行系统性的总结，总结的同时还可以通过思维导图检查是否有遗漏的内容，或是否有更好的讲解方式等。而一份好的图文搭配的思维导图对激发学生的学习兴趣也会有很大的帮助，如图5-14、图5-15所示。

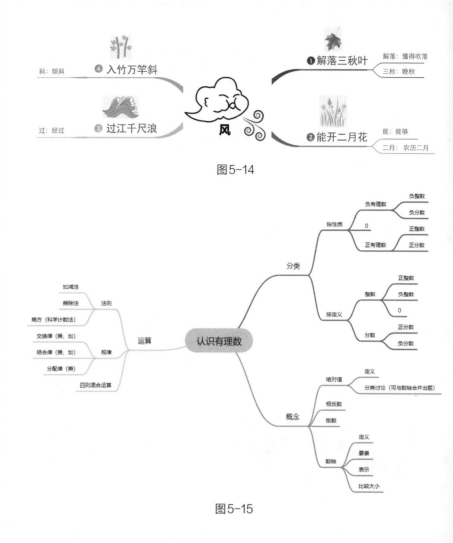

图5-14

图5-15

5.3.2　思维导图在教学中的优势

　　教学一般是由某个知识点延伸到其他知识的逐层递进过程，思维导图同样是围绕中心关键词发散并拓展内容。思维导图作为一款比较常用的思维辅助工具，可以很方便地总结知识点、梳理知识，或用于研究新的学习方法和技巧，受到了很多老师和学生的喜爱。思维导图在教学中的具体优势如下（图5-16）。

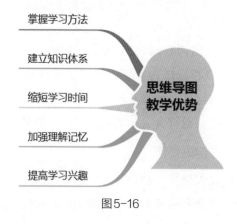

图5-16

（1）掌握学习方法

使用思维导图教学可以帮助学生掌握正确有效的学习方法和策略，帮助教师更快、更有效地进行课本知识的传授，促进教学效率和质量的提高。在制作思维导图的过程中，通过对思维导图的整理和绘制，可以更好地帮助学生进行关键词和核心内容的查找，加强对所学知识的理解并将所学内容进一步深化。

（2）建立知识体系

使用思维导图教学可以帮助学生建立系统完整的知识框架体系，对学习的课程进行有效的资源整合，使整个教学过程和流程设计更加系统、科学有效。利用思维导图进行课程的教学设计，会促进师生形成整体的观念和在头脑中创造全景图，进一步加强对所学和所教内容的整体把握，而且可以根据教学过程和需要的实际情况做出具体、合理的调整。

（3）缩短学习时间

在教学过程中，老师和学生只需要记录课程中相关的关键词，因此可以大幅度缩短教学和学习时间。另外，在进行复习时，因为思维导图笔记中重要的关键词很显眼，学生只要集中精力学习真正的主题就能得到很好的效果。

（4）加强理解记忆

课程中重要的关键词并列在同一时空之中，处在同一个笔记平面内，能够改善创造力和记忆力。在关键词之间容易产生清晰合适的联想，从而促进学生的记忆，增强其理解。思维导图具有视觉刺激、多重色彩、多维度的特点，更符合大脑的运作模式，更易于接受和记忆。

（5）提高学习兴趣

做思维导图的过程提高了动手能力和学习能力，学生处在不断探究新事物的氛围中，这会鼓励和刺激学习的主观能动性，变被动学习为主动学习，从而把学习变成一种乐趣。

5.3.3　用思维导图做教学课件

不管是教学思维导图还是其他类型的思维导图，制作方式其实都是大同小异的。首先需要明确制作方向，接着根据这个方向结合实际情况制作出符合逻辑的内容即可。在制作时要注意上下层级之间的逻辑性，如图5-17所示。

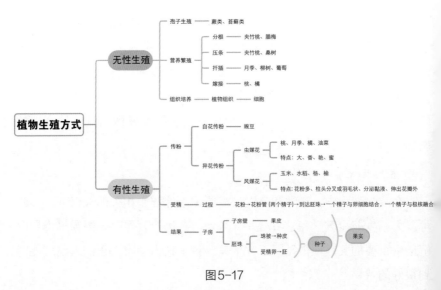

图5-17

5.3.4　用思维导图学习历史

历史难学是众所周知的事情：错综复杂的时间线，众多的历史人物，总是记不住知识点或把知识点记混淆。但是历史中重要事件的时间、地点、人物之间往往存在着很强的关联，凭借这一特点，我们可以选择借助思维导图来学习历史，如图5-18所示。

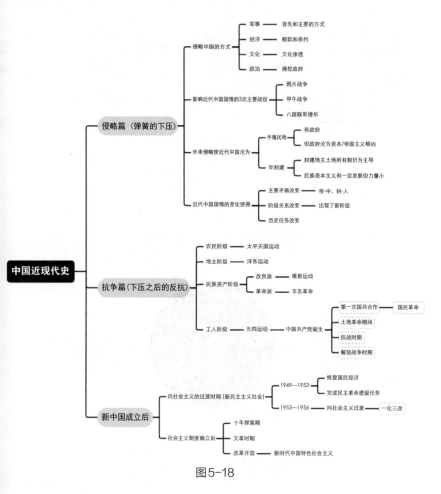

图5-18

通过思维导图可以将课本中提炼出的重要知识点进行系统的归纳，形成清晰的思路和结构，然后再根据思维导图进行整体记忆和复习，因此效率要比直接记忆书本上未加归纳总结的知识点高出很多，如图5-19所示。

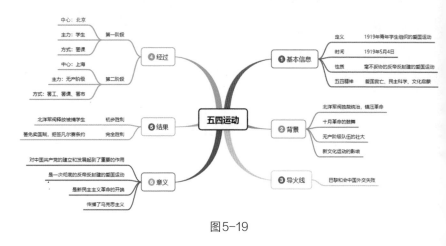

图5-19

学习历史时也有很多记忆方法，如图5-20所示。

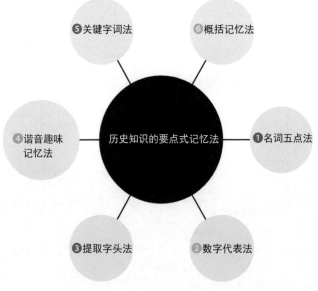

图5-20

这6种记忆法的具体应用方式如图5-21所示。

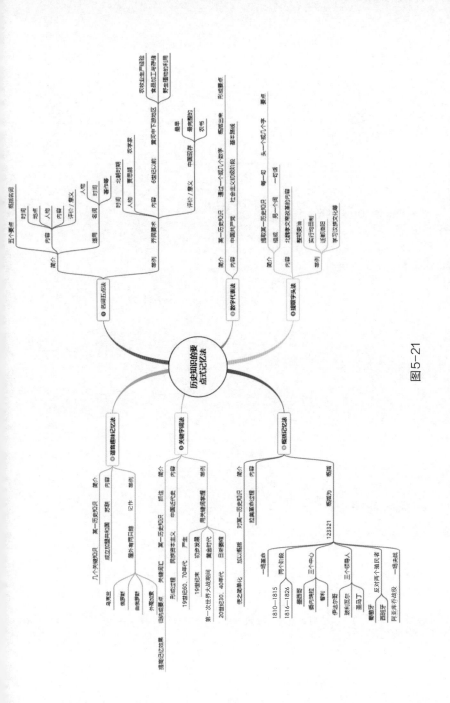

图5-21

第6章

思维导图在日常生活中的应用

仅仅具备出色的智力是不够的，主要的问题是如何出色地使用它。

——笛卡尔

思维导图的作用不仅体现在职场上，在日常生活中，它也可以发挥很大的作用。例如用思维导图列购物清单、制订旅行计划、制作日程安排表甚至是用来处理亲子关系等。

6.1　用思维导图列购物清单

6.1.1　用思维导图制作购物清单的优点

如果需要购买的物品较多，在购物之前列出详细的清单，不仅能够节省购物时间，也可以避免漏买东西，同时还可以在一定程度上控制冲动消费，只购买需要的物品。

用思维导图创建购物清单，可以清晰直观地展示出所需物品的分类和明细，以及购买地点。比如去超市的生活区购买所需生活用品，去食品区购买所需食物等，如图6-1所示。

图6-1

6.1.2　制作家庭购物清单

购物清单根据家里缺了什么自然而然生成，绘制顺序可以跟自己逛超市的路线一致，方便选购也节省时间，如图6-2所示。

准备年货是过年不可缺少的头等大事，涉及吃的、穿的、用的、玩的、送的等。如果将年货以思维导图的方式进行整理，相信大家在置办年货时就会变得井井有条，如图6-3所示。

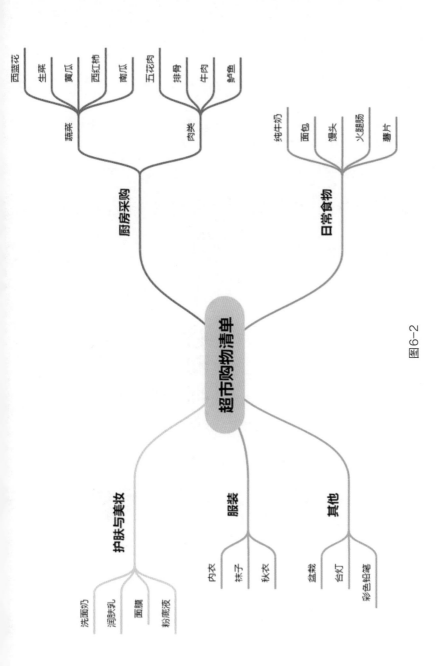

图6-2

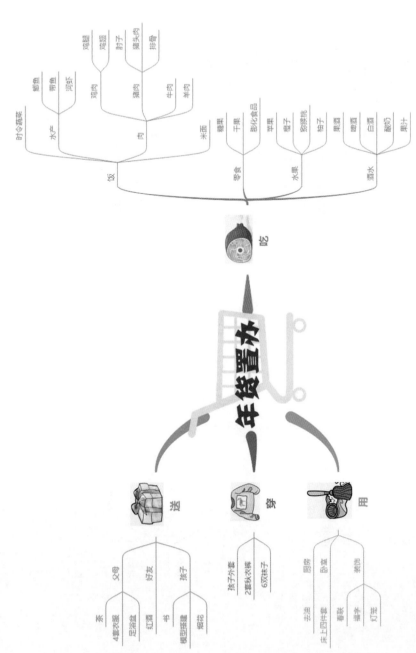

图6-3

6.2 用思维导图制作旅行攻略

当我们准备去一个陌生的地方旅行时，为了保证时间、路线的合理并节省预算，通常会先规划行程，制作旅行攻略。

6.2.1 如何制作旅行攻略

做旅行攻略的方法多种多样，比较常见的有文字形式、图文搭配形式等，如图6-4所示。

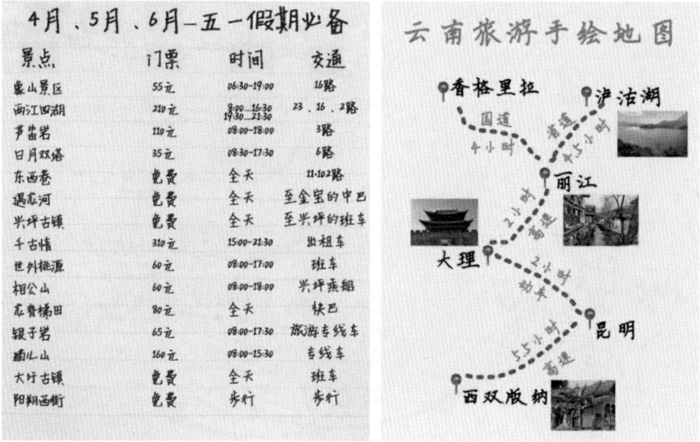

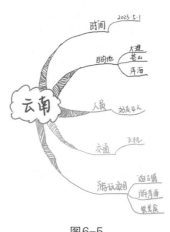

图6-4

思维导图也可以用来制作旅行攻略。思维导图在做计划和整理方面，要比文字笔记显得有条理、有逻辑，查看起来也更加直观和方便，如图6-5所示。

旅行攻略大致分为两种。

一种是"种草型"，将网友的经验总结在一起，将景点、美食等分类整理好，再列出其特点，最后有选择

图6-5

性地游玩。这种攻略适合有充足的时间，且游玩范围不大的情况，如图6-6所示。

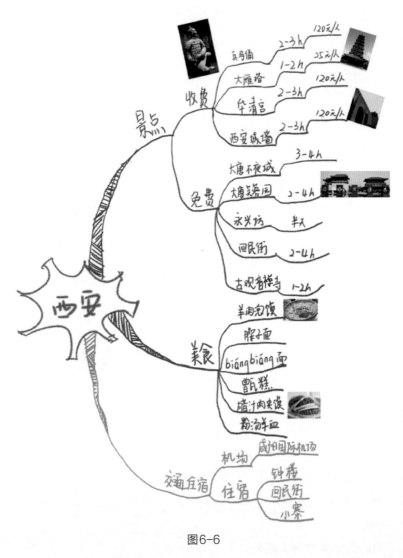

图6-6

另一种是路线型，需要去多个景点，按时间、地点来比较精确地计划。地点较多的话，影响因素较多，所以计划时预留的时间要充裕，以免发生误车、误机等情况，如图6-7所示。

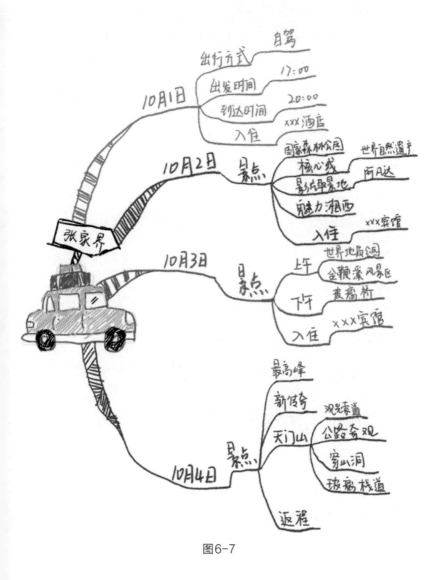

图6-7

6.2.2　用思维导图制作旅行攻略的思路

出行前的准备：

● 确定旅行地，通过上网查询或观看纪录片等方式了解当地的人文环境、必游景点，筛选出想要去的景点，制订具体旅行线路图；

123

- 确定大致的出行时间，并提前购买车票等；

- 根据要去的景点，设计景点游玩顺序并合理分配游览时间；

- 挖掘景点沿线美食或小吃相关信息，提前规划到旅行攻略中；

- 提前预订当地特色酒店，需考虑交通以及购物的便捷性；

- 列出出行前的准备清单，比如证件、现金、移动电源等；

- 综合以上内容，绘制详尽的思维导图旅行攻略，系统性地展现出来；

- 将思维导图攻略导出为图片，并存储在手机相册。

图6-8为准备流程图。

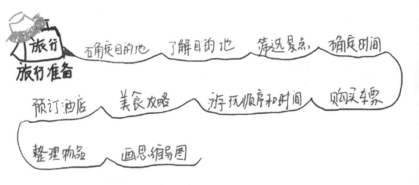

图6-8

记录旅途中见闻：

- 每日出发前浏览当日的行程安排，留下印象；

- 旅途中若有忘记，随时拿出手机查看；

- 遇到美景美食，不忘拿出手机分享。

旅行归来总结感受：

- 可以将拍摄的照片插入到各个思维导图主题中；

- 新建总结的主题，用来记录新的感受；

- 完善思维导图，今后可以分享给他人。

6.3 用思维导图管理情绪

你是否会因为和家人吵架而生气？你是否会因为孩子不听话而发飙？你是否会因为受到老板批评而烦躁？你是否会因为受到不公平的待遇而愤怒？

情绪是人们面对不同的事物、行为、外界现象时产生的一种本能的心理波动。通常，愉悦的情绪会让人们感到舒适，而负面情绪，如焦虑、烦躁、愤怒、沮丧则让人感到不适。

6.3.1 别让坏情绪成为人生路上的绊脚石

控制不住情绪，不仅会伤害自己的身体，导致疾病的发生，也会伤害身边的人。事实上我们的情绪与他人无关，我们才是自己情绪的主宰。阴晴不定的情绪才是我们人生路上真正的绊脚石。面对坏情绪我们常有三大认知误区，如图6-9所示。

图6-9

（1）控制不住情绪

其实我们在心里早已衡量出了得失利弊，只不过不敢承认自己"欺软怕硬"罢了。

（2）都是别人的错

自己没有去关注解决问题的办法，没有对对方的行为进行解读，也没有解读自己的行为，而是不断地怨天尤人。

（3）不是什么大事

我们往往觉得：发脾气又不是什么大事。然而我们每发一次脾气，之前所做的一切好的行为，在对方那里就都一笔勾销了。

既然发脾气的坏处那么大，那么有什么方法能控制自己的脾气，缓解恶劣情绪的产生呢？这时候就不得不说情绪管理的四大法宝了，如图6-10所示。

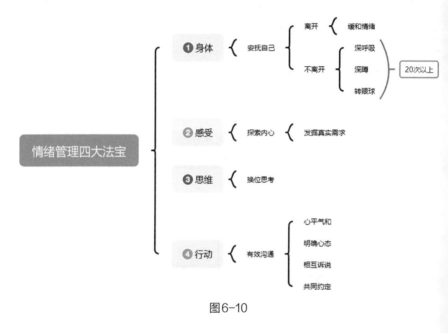

图6-10

（1）身体

要学会安抚自己，离开让自己情绪爆发的那个环境，找一个安静的地方，让自己的情绪缓和下来。如果当时的情况不允许离开，可以采取深呼吸、上下左右转动眼球或做深蹲运动等措施。

（2）感受

探索内心，稳定情绪，找到自己真实的需求。

（3）思维

换位思考。站在对方的角度考虑当下的情况。

（4）行动

与对方进行有效的沟通。要记住必须在彼此心平气和的情况下进行。明确自己的心态与想要分享的内容，相互诉说自己的感受，找到让彼此舒服的办法，共同约定，避免再次情绪失控。

6.3.2 情绪管理的方法

思维导图是一种利用形象生动的图画、文字、符号、颜色等多种表现方式，将复杂的思考过程变成看得见的颜色、线条、形状，将信息以视觉效果呈现出来的思考工具。思维导图可以帮助我们学会管理、控制自己的情绪。下面说一些比较有名的情绪管理方法供读者参考，如图6-11所示。

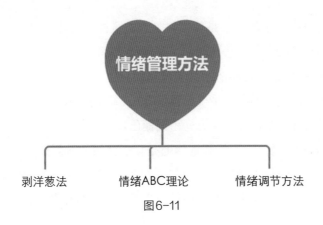

图6-11

（1）用"剥洋葱法"练习情绪管理

所谓"剥洋葱法"是一种运用自我关怀，学会与负面情绪相处的练习。我们需要找一个安静的不被人打扰的地方来做这个练习，步骤如图6-12所示。

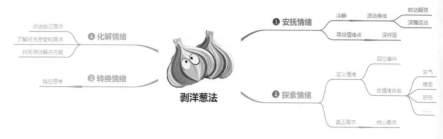

图6-12

① 安抚情绪。有情绪后，身体自然就会有些反应。找一个安静的地方，闭上眼睛，让自己冷静一下。把关注点放在自己的身体上，感受下哪个部位不舒服。例如，生气时，有人会头痛，有人会胸闷，有人会胃痛等。将手放在不舒服的位置，多做几次深呼吸，让这个部位慢慢软化、放松下来。

② 探索情绪。回想一下那些让你不舒服的事件，感受一下自己的情绪，并给它取一个名字，如焦虑、委屈、烦躁、失望、内疚或是其他情绪。科学证明，如果能给情绪进行命名，是可以化解情绪的。

了解自己真正的需求是什么，是想被重视、想被理解、想被关怀，还是因为自己的失落、悲伤激起了某种情绪等。

③ 转换情绪。转换情绪其实就是换位思考，站在对方的角度看待问题。想一想他所面临的情况、他的需求、他的局限性，你会发现情绪的核心是对此次事件的解读方向不同而已。

④ 化解情绪。心平气和地沟通是化解情绪的有效途径。待双方情绪发泄完，都恢复平静后，需要和对方进行一次心平气和的沟通。将自己的需求告诉对方，也让对方坦诚地告诉自己他的感受和需求。然后双方协商出稳妥的解决方案，并约定以后出现类似问题该如何处理。

在处理这一步时需注意的是，沟通是双向的，是在对方愿意和你沟通的前提下进行的，千万不能强迫或质问对方。

情绪是一种自我保护方式，没有谁愿意给别人添麻烦。如果有了情绪，是因为你只站在自己的角度去解读事件，而忽略了别人的感受。

（2）情绪ABC理论

情绪的最高境界是自由自在，我们从小就背负了太多的情绪负债，使我们不得不压抑伪装自己。然而在繁忙的工作和生活中总会遇到很多突发情况让我们控制不住自己直接情绪爆发。

说到情绪管理，下面我们来了解一下"情绪ABC理论"，如图6-13所示。简单地用一个公式描述就是A+B=C。其中A表示诱发性事件，B表示个体针对此诱发性事件产生的一些信念，C表示自己产生的情绪和行为的后果。从公式不难看出，我们的感受不仅取决于事件A本身，还受到信念和认知B的影响。由于A作为诱发事件是既定的，作为一个常量是无法改变的，因此可以改变的只能是信念B了。

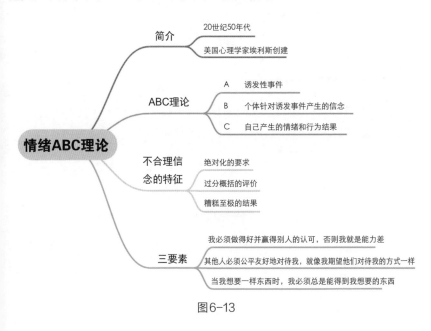

图6-13

根据情绪ABC理论，我们知道人的情绪是可以改变的，并且情绪的调节关键在于信念和认知B。如何改变呢？我们需要一个质疑D，通过D来影响B。调整认知偏差，从而缓解情绪和行为困扰，最后达到效果E。那么在工作和学习上，我们如何结合ABC理论更好地调节情绪呢？首先要调整好自己的心态，其次是明确自己的目标，最后找到正确排解的出口，如图6-14所示。

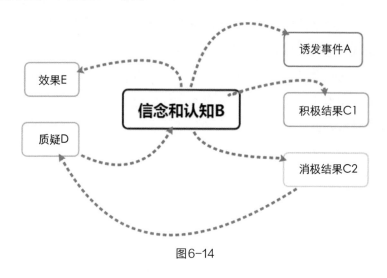

图6-14

（3）情绪调节的六种方法

日常生活中人们可以参考图6-15所示的方法去调节情绪。

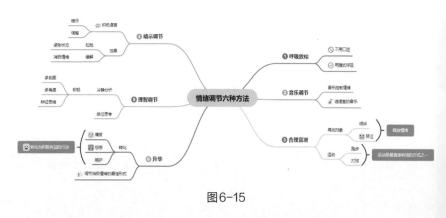

图6-15

① 呼吸放松调节法。一般情况下，人们是通过鼻腔和胸腔完成呼吸的。而呼吸调节法提倡"腹式"呼吸。我们需要找一个合适的空间坐着或站着，让身体自然放松，然后慢慢地吸气，吸气的过程中感到腹部慢慢地鼓起，到最大限度的时候开始呼气。呼气的时候感觉到气流经过

鼻腔呼出，直到感觉前后腹部贴到一起为止。

② 音乐调节法。音乐能够调整神经系统的机能，消除肌肉紧张，缓解疲劳，改善注意力，增强记忆力，并有消除抑郁、焦虑、紧张等不良情绪的功能。音乐调节法正是借助于情绪色彩鲜明的音乐来控制情绪状态的方法。运用音乐调节法时，应该因人、因时、因地、因心情的不同而选择不同的音乐。适宜的音乐，常可取得很好的效果。

③ 合理宣泄调节法。合理宣泄调节就是把自己压抑的情绪释放出来，使情绪恢复平静。至于宣泄情绪的方法，可以是找到合适的对象倾诉自己的痛苦和不幸，也可以通过运动来消除不良的情绪。心理学家研究发现，最好的情绪调节方法之一是运动。因为当人们在沮丧或愤怒时，生理上会产生一些异常现象，这些都可以通过运动，如跑步、打球、攀岩等方式，使生理恢复原状。生理得到恢复，情绪也就自然正常。

④ 暗示调节法。语言对情绪有极大的暗示和调整作用。当受消极情绪困扰时，可以通过语言的暗示作用来松弛心理上的紧张状态，使消极情绪得到缓解。比如与人争吵很生气时可以暗示自己"忍一时风平浪静，退一步海阔天空"，暗示自己忍让，停止争吵。

⑤ 理智调节法。很多消极情绪常常是由于对事情的真相缺乏了解或者误解而产生的。这就需要先强迫自己冷静下来，然后用理智进行辩证思维，从多侧面、多角度去思考问题，当发现事情的积极意义时，消极情绪也就自动被消除了。

⑥ 升华调节法。把已经产生的痛苦、愤怒、怨恨、嫉妒等消极情绪转化为积极有益的行动，以高素养和高境界表现出来，这就是情绪的"升华"。升华是调节消极情绪的最高也是最佳的一种形式。比如，我有个工作能力很强的同事，我很嫉妒他，而我的理智劝导我不可以将这种情绪表现出来，于是我只能更加努力地工作，最终超越他，取得更大的成就。这就是典型的情绪升华作用。

6.4　用思维导图进行高效阅读

　　阅读能够丰富自己的认知，提升自己的气质与涵养；阅读可以保持大脑的活跃程度；阅读可以减压……阅读给我们带来太多的好处。而很多时候，自己明明读过不少书，但总会有种"看一本，忘一本"的感觉。久而久之这些书也就成了角落里的摆设。

　　阅读是有方法的，很多人读完一本书，只知道这本书说了什么，却不深度分析这本书背后的含义，或者作者想要表述什么样的思想等，就等于白读。那怎样才能做到"过目不忘"呢？很简单，通过画思维导图的方式就可以。

6.4.1　用思维导图阅读的好处

　　通过思维导图来阅读，可以帮助我们思维重组，逐步锻炼自己的思考能力，提升大脑的运转速度。坚持用画思维导图的方式去阅读，可从以下几个方面得到提高，如图6-16所示。

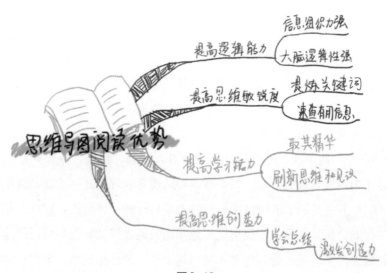

图6-16

（1）提高逻辑能力

思维导图是将所有信息组织在一起，形成一个知识体系，从主干到分支，再分散到各细节内容。大脑会始终保持清晰的逻辑关系，并快速地将它们有序地表现出来，如图6-17《三国演义》人物关系整理图所示。

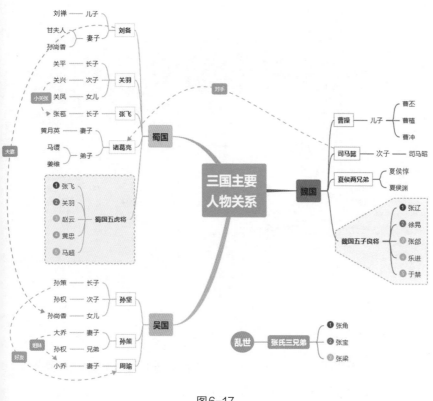

图6-17

（2）提高思维敏锐度

思维导图的要求是将长句浓缩成短句，将短句再提炼成关键词。这对于书本中大量而庞杂的文字信息来说，是一个很好的思维训练方式。长此以往，可提升大脑捕捉信息的敏锐度以及准确度，迅速找到有价值的信息，如图6-18《三国演义》故事简介整理图所示。

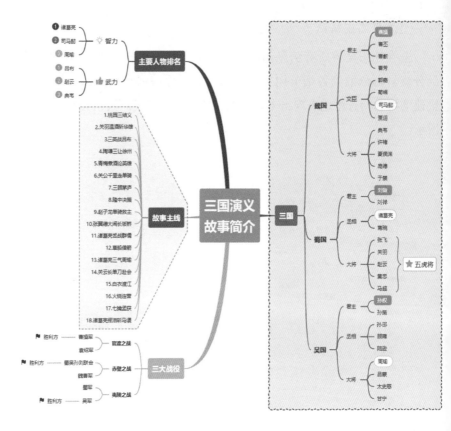

图6-18

（3）提高学习能力

在画思维导图的过程中，自己会与作者进行思维碰撞。取其精华，去其糟粕，从而刷新自己的思维观念及见识。

（4）提高思维创造力

用思维导图来阅读，其实是一种基于作者思维的再创造。从书中学习并整理了作者思维，通过思维导图进行了总结，这已形成了一种新思维，从而激发自己的再创造力。

6.4.2　用思维导图阅读的方法

对于刚接触思维导图的人来说，尽量选择自己感兴趣的图书种类。有了兴趣，我们的思维就有了主动性，吸收知识也就变得轻松不少。当画思维图变成了习惯后，对那些平时不愿接触的图书科目，也会逐渐有了兴趣。下面就来介绍如何用思维导图来阅读。

（1）绘制阅读思维导图

阅读思维导图主要分四点来进行分析：明确阅读目的；建立与已知内容的联系；全书内容大纲；制订阅读计划，如图6-19所示。

图6-19

① 目的。明确阅读目的是有效阅读的前提。做任何事最好都带有一定的目的性，在阅读之前要先明确自己为什么要读这本书，想要通过阅读这本书解决什么问题。带着这样的问题去阅读，使我们在阅读时与想要创造的价值之间有了良好的联系，是坚持阅读的动力。

② 已知内容。在阅读这本书之前，你都知道哪些与之有关的知识，利用思维导图把它们罗列出来。这一步是强迫自己进行回想，与之前所了解的知识建立联系点，这样能够节省很多阅读新知识的时间。

③ 内容大纲。通过阅读图书目录，将需要吸收的知识点，或重点知识罗列出来。最好能够提取关键词来概括。让自己多次反复地咀嚼这些知识，加深记忆。

④ 阅读计划。没有计划，最好不要开始阅读。给自己制订一个初步的阅读计划。确定好什么时间开始读，每天读几个小时，读几页或读几节，大概什么时间内读完等。计划越详细越好。这样的阅读才有效率。

（2）全书知识思维导图

进入这一步时，就需要边阅读边画思维导图了。将核心要点从主干到分支，分别填在思维导图上，逐步形成一个全书的知识体系，以便第二次、第三次阅读总结之用，如图6-20所示。

(!) 注意事项：

一般技能提升类或考试晋升类书籍是可以使用以上思维导图方式来加强记忆的。如果是报纸杂志或小说类书籍，是不适合用思维导图来阅读的，这类书籍直接浏览就可以了。

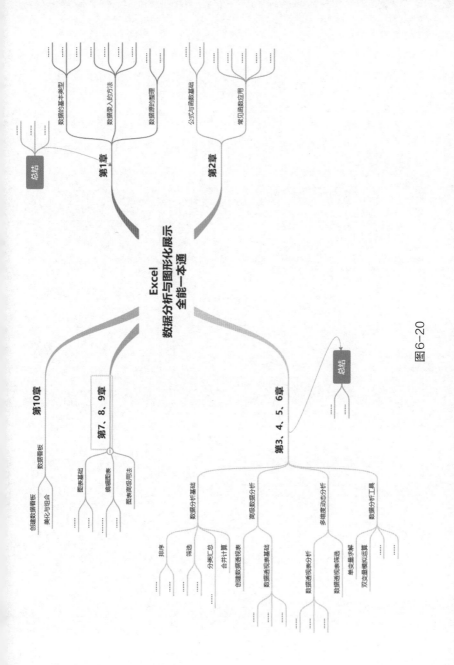

图6-20

附录

附录 A　思维导图与传统笔记的区别

说起笔记，90%的人是采用文字形式来做笔记，只有10%的人会选择采用思维导图的形式。而研究表明，这10%的人，他们的思维要比其他人活跃，学习的效率也比较高。那思维导图与传统的笔记方式到底有什么不同呢？

1. 从记录内容来看

传统笔记主要是通过文字的形式来记录。那些密密麻麻的文字会使大脑处于一种催眠状态，大脑会拒绝和抵触信息的吸收，如图1所示。

姜子牙简介

姜子牙，姜姓，吕氏，名尚，一名望，字子牙，尊称太公望，武王尊之号为"师尚父"。商朝末年人。据说祖先在舜时为"四岳"之一，曾帮助大禹治水立过功，被封在吕，姜为其族姓。

姜子牙出生时，家境已经败落，他年轻的时候干过屠夫，也开过酒店卖酒，聊补无米之炊。但姜子牙人穷志不短，始终勤奋刻苦地学习天文地理、军事谋略，研究治国安邦之道，期望能有一天为国家施展才华。

他满腹经纶、才华出众，但在商朝却怀才不遇。他已年过六十，满头白发，阅历过人，仍在寻机施展才能与抱负。姜子牙是齐国的缔造者，周文王倾商、武王克殷的首席谋主，最高军事统帅与西周的开国元勋，齐文化的创始人，亦是中国古代的一位影响久远的杰出的韬略家、军事家与政治家。

生平轶事

1. 姜太公的鱼，愿者上钩

姜子牙听说西伯侯招纳贤士、广施仁政，年过半百的他千里迢迢来到西岐，但是并没有马上去找西伯侯，而是来到了渭水河上，每天用直钩钓鱼，也不放鱼饵，就这样等待周文王姬昌的到来。他每天都会去河边钓鱼，并且一边的鱼一边自言自语"太公的鱼，愿者上钩。"当周文王听说这件事情之后就去渭水旁边现看，认为这是一个奇人，便聘请姜子牙辅助自己兴邦立国，最后姜子牙辅助周武王，建立了周朝。

2. 覆水难收

姜太公整天的钓鱼，家里的生计发生了问题，他的妻子马氏嫌他穷，没有出息，不愿再和他共同生活，要离开他。后姜太公取得周文王的信任和重用，又帮助周武王联合各诸侯改天商朝，建立西周王朝。马氏见他又富贵又有地位，懊悔与初离开了他。便找到姜太公请求与他恢复夫妻关系。

姜太公已看透了马氏的为人，不想和她恢复夫妻关系，便把一壶水倒在地上，叫马氏把水收起来。

图1

思维导图笔记主要是通过图像、关键词和线条这三个方面进行记录的，省略了很多无用的字词，提升了记录速度。此外，记录者在记录过程中也会思考，这样无形中就加深了印象，如图2所示。

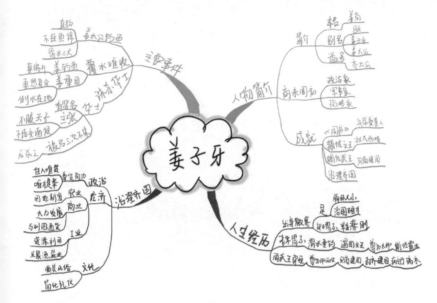

图2

2. 从记录方法来看

　　传统笔记通常是按照从左到右，从上到下的顺序进行记录，段与段之间存在什么样的关系无法明确表示出来。在对内容进行复盘时，大脑也只会按照该顺序进行记忆。长此以往，思路就会固化，无法进行拓展，如图3所示。

　　思维导图笔记则不同，它记录的方法是围绕某个核心知识点向四周发散出主干、分支，这样我们可以快速理清各条脉络及分支关系，而不是一片混乱，如图4所示。

图3

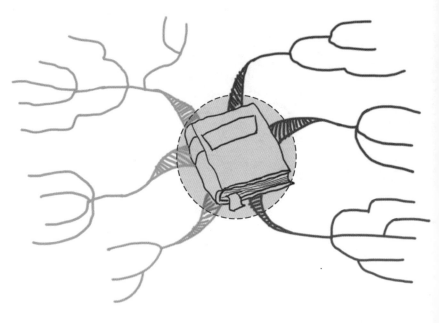

图4

此外，在记录过程中如有新思路，可以随时加入至图形中，不会影响到整体内容构架。这一点是传统笔记无法做到的。当对思维导图使用习惯后，我们的思维模式也会随之改变。

3. 从阅读对象来看

虽然使用传统笔记看起来有些负担，学习效率不高，但记录者会尽可能地将所有信息记录下来。所以，无论是记录者自己或是其他人都可以看明白。

思维导图在这方面有一定的局限。它是利用线条将所有关键词进行串联，有一定的创作性，比较适合记录者本人阅读。而其他人在阅读时，关注点通常在于图形是否好看、有趣，无法体会到记录者当时的思路模式。

附录 B　思维导图常见问题及解决方法

问题1：我的思路比较闭塞，想学画思维导图，该怎么学？

解决方法：认为自己思路狭窄、没有想象力的人，大多数是由于不敢想和懒得想。遇到问题时只会跟着别人的思路走，偶尔有不一样的思路时，就先自我否定，慢慢地就变成了不会想的状态。这类人群，想立刻画好思维导图是不可能的，需要慢慢积累和练习。

经常做一些脑力训练小游戏，来提升大脑的活跃度；通过阅读相关书籍，学会用思维导图整理思路。也许刚开始会有些吃力，只要坚持下去，一旦使用思维导图变成了习惯，你的思路自然就开阔了。

问题2：用软件画好，还是手画好呢？

解决方法：用软件画，正式、快捷，方便分享和传播。如果是用于教学讲课，或其他公开场合，可用软件来画；而如果用于临时记录或解决某个问题的话，手画是比较方便的。两种方法各有所长，具体还要根据实际需求来看。

问题3：思维导图一定要用不同的颜色画吗？

解决方法：那就要看你为什么画思维导图。一个快速、迷你的思维导图使用单一颜色可以促进清晰的思维过程。单色对于传真和复印是适合的。但是如果这些信息是要记忆的，同时也希望画面内容丰富的话，这时就可以使用不同颜色来画，这样可以提高记忆效率和大脑的活性。

问题4：如何选择关键词？

解决方法：关键词就是用简短的词，对一句话或一段话进行概括。关键词通常是名词或动词，例如"绿油油的田野"中"田野"就是关键词。田野除了能够使人联想到绿色以外，还可以联想到春天、麦苗、小草等，有助于触发大脑联想。对于初次学习思维导图的人来说，最好给自己设定一个规则，那就是在每一个分支上，最多只能写4～5个字，迫使自己提取合适的关键词。

问题5：手工绘制思维导图，不会画插图，怎么办？

解决方法：对于没有绘画基础的人来说，用图像来表达思维确实有些难，但这并不是绝对的。不会画插图，可以用关键词或者某个小符号来代替。毕竟思维导图大多数是给自己看的，只要对自己有用就行，不需要考虑它好不好看、美不美的问题。

当然有图像的思维导图从视觉上会给人一种美的享受。人们对图像的记忆要比文字的记忆更长一些。如果思维导图能够激发你对绘画的兴趣，尝试画一些小图像，那也未尝不可。

问题6：中心主题一定要带画框吗？

解决方法：需要创意时可以用无框的，这样可以延伸我们的思考角度。在整合思维时可以带画框，这样比较容易聚焦，突出主题，以便于能够集中注意力。画框可以用各种形状来呈现，这样可以激发我们的创造力和想象力。

问题7：主脉线条一定要是由粗到细吗？

解决方法：由粗到细的主脉更能表现出与主题紧扣的关联性，把线条的颜色填满，增加色彩的强烈度，让大脑更有印象。支脉线条可以随意，线条尽量流畅一些即可。

问题8：思维导图中，主脉的排列顺序有要求吗？

解决方法：主脉采用顺时针方向是多数人的习惯。当然也可以用逆时针或双箭号方式，选一个自己习惯的方向即可。要注意：支脉的排列一定是由上到下，脉络上的文字是由左至右。

问题9：为什么脉络上的文字长度要与线条一样长？

解决方法：文字短，线条长，感觉未写完；而文字长，线条短，就会感觉不均衡。

问题10：为什么有些思维导图上有空的脉络？

解决方法：在画思维导图时，很多并不是一气呵成的。当我们遇到思路闭塞、无法拓展的情况时，可以画一条空脉，提醒这里应有加强或补齐的地方。

问题11：手绘思维导图时，画到一半发现纸张小了画不下，怎么办？

解决方法：经常手绘思维导图的话你就会发现，你的纸张永远不够大！不过这个问题很好解决，画不下就拼接。拿一张新的空白纸，用胶带从背面和原来的图纸粘贴在一起就行了。新的纸张无须跟原来的图纸一样大，小一些也无妨，这样反而方便将拼接的纸张折叠到原图纸内，从而方便收纳。

问题12：用软件制作思维导图时一般使用多大的字号比较合适？

解决方法：如果要做视觉呈现，思维导图的文字大小一般设定为14～20号效果最佳。有一些思维导图的默认字号为9号、11号，这两种字号偏小，导出成图片后，看起来比较费力。

问题13：思维导图中的文字颜色应该遵循什么原则呢？

解决方法：思维导图的背景设置为白色比较简单明了，便于阅读。主题框内容的填充色和文字，最好按照深浅搭配的原则，要么深底白字，要么浅底深字。若两者同为深色或同为浅色，那么辨识度就会降低，容易让人产生视觉疲劳。

问题14：思维导图画得不漂亮，不能称为思维导图吗？

解决方法：有一种偏见，即思维导图一定要画得很漂亮！画思维导图的目的是解决问题，无论你画得好不好看，只要它解决了你的问题，那么它就是合格的思维导图。

问题15：思维导图要画多久才能有效果？

解决方法：学习思维导图是一个漫长的过程，是要经历从了解到应用、从应用到受益的过程。刚入门时虽然掌握了思维导图的基本使用方法，但可能并没有太好的效果。这时就需要坚持练习。有句话说得好，熟能生巧。掌握的思维导图的技巧越来越多，对它的领悟也会越来越深，这个阶段就会收获到思维导图带来的效果了。但这不是学习的终点，应该继续坚持使用，加深感悟，直到使用思维导图已成为一种思维习惯了才行。当然，不同的人达到这个阶段所用的时间是不一样的，会受到练习时间、喜好程度、教师引导等因素的影响。

附录 C　主题框及线条图样汇总

图5所示的图样可用于儿童阅读、求知探索类方面的思维导图。

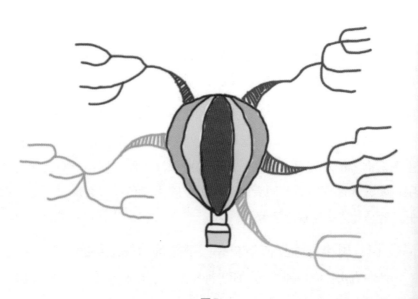

图5

图6所示的图样可用于认识时间、时间换算等教学方面的思维导图。

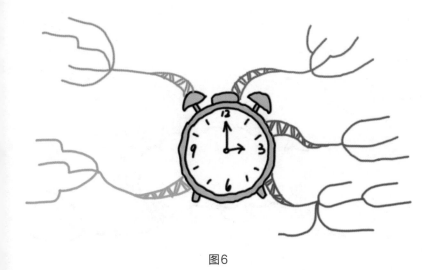

图6

图7所示的图样可用于工作总结、规划、述职报告等方面的思维导图。

图7

图8所示的图样可用于解决问题，或知识点整理等方面的思维导图。

图8

图9所示的图样可用于旅行、旅游攻略等方面的思维导图。

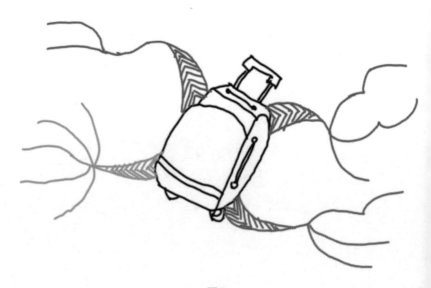

图9

图10所示的图样可用于节日策划、活动策划等方面的思维导图。

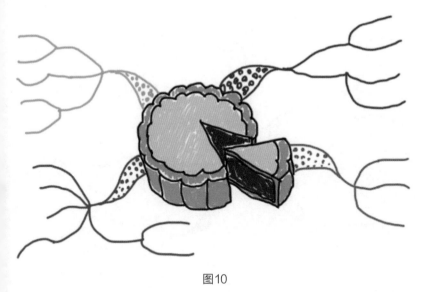

图10

图11所示的图样可用于会议记录、演讲、授课方面的思维导图。

图11

图12所示的图样可用于阅读笔记、学习交流方面的思维导图。

图12

利用MindMaster
自带主题模板绘制
思维导图

WPS中
思维导图的
绘制方法